JN099380

超時短！

Atsushi Omura
大村 あつし 著

魔法の

Excel
ショートカットキー

秀和システム

●サンプルデータのダウンロード

本文中に ダウンロード と記載のあるExcelのデータは、以下に記載した本書のサポートページからダウンロードできます。

http://www.shuwasystem.co.jp/support/7980html/6180.html

はじめに

ショートカットキー。

それは、あなたの1日に「淹れ立てのコーヒー1杯」ほどの幸せをもたらす魔法です。

突然ですが、みなさんに1つ、質問をさせてください。
「あなたは、Excelが好きですか？」

ちなみに、ここで言う「好き」とは、「映画を観るのが好き」「音楽を聴くのが好き」という意味の「好き」です。そして、もしあなたの回答が「はい」ならば、どうか本書だけは購入しないでください。なぜなら、本書は「どうしたら、よりExcelを使わずに済むのか」について解説した本だからです。

もっとも、大半の人が「Excelは仕事上必要だから使用している」「自宅で家計簿をつけるために使用している」といった回答をすると思います。すなわち、「Excelを使うこと」が目的なわけではなく、「ある目的を果たすためにExcelが必要」だから使用しているわけです。

実際に私は「Excelを使っていると、楽しすぎてアゴが床まで落ちる」なんて人には出会ったことがありません。逆に、「Excelがイヤでイヤで、キーボードに涙が落ちる」という人には会ったことがありますが、彼には迷うことなく転職を勧めました。

本書は、Excelのショートカットキーを使いこなすために書かれたも

のです（一部、ショートカットキーではない、しかし便利なキーの組み合わせも含みます）。もっとも、それでしたら「ショートカットキーの本など、書店にたくさん並んでいるではないか」と言われそうですが、本書は次の３点が類書とは大きく異なります。

１つめは、紹介するショートカットキーを重要なものだけに絞っている点です。

その結果、本書ではおよそ30個のショートカットキーしか紹介していませんが、Excelの作業を効率化するためにはこれだけで十分だと自信を持って断言できます。Excelには約130個のショートカットキーがありますが、少なくとも私は130個ものショートカットキーを覚える自信もありませんし、その必要性を感じたこともありません。

２つめは、ショートカットキーの組み合わせを全部覚えなくてもよい記憶方法です。

ショートカットキーは通常、２つのキーの組み合わせになりますが、ほとんどが Ctrl キーとの組み合わせであるため、Ctrl キーを「基本となるキー」としてあえて表記せず、もう一方のキーだけを覚えることで、記憶量が半分で済むようにしています。

３つめは、ショートカットキーに意味を持たせて、覚えやすく、そして二度と忘れないように丁寧に解説している点です。

これは、実際に読んでみたほうが早いと思いますので、試しに、「置換」機能について説明している92ページに軽く目を通してみてください。

本書は、作業時間の短縮を目的とした、いわゆる「時短本」と呼ばれるものですが、特に重視しているのが**ショートカットキーで仕事を効率的に進めることで、いかにストレスが軽減できるか**という点です。

　ちなみに、Excelの「時短本」は昔からたくさん出版されており、いまも雨後の筍状態です。しかもキャッチコピーはエスカレートする一方で、10年前には「作業時間が2時間短縮できる」が相場でしたが、最近では「2日の作業が5分で終わる」というキャッチコピーも登場しています。もちろん、これは決して嘘ではなく「その人はオートフィルの機能も知らずにすべてのデータを手入力していたのです！」といったミステリー顔負けのオチがついていますが……。

　かつては長時間労働があたり前で、残業時間の長さが評価される時代もありました。しかし、いまでは残業時間の長さは逆に評価を下げる時代に変わっています。同じ仕事の分量をこなすのであれば、長時間ダラダラと残業を続けてストレスを溜めるよりも、自分の心地良いペースで効率的に仕事を進め、**いままでよりも1時間早く退勤するだけで、あなたが得るものは非常に大きいと私は感じます**。その時間、家族や友人とともに、あるいは本を片手にコーヒーを愉しむのもいいですね。

　ぜひとも本書で重要なショートカットキーをマスターして、Excelのコマンドを飲み干してください。
　その先には、「淹れ立てのコーヒーを愉しむ幸せ」が待っています。

大村あつし

●本書で解説する主なショートカットキー

章	キーの組み合わせ	操作	ページ
1章	[Esc]キー	入力作業を中断する	24
2章	[Ctrl]+[S]キー	作業中のファイルを上書き保存する	36
	[Ctrl]+[C]キー	選択されたデータをコピーする	40
	[Ctrl]+[V]キー	選択されたデータをペーストする	40
	[Ctrl]+[X]キー	選択されたデータを切り取る	40
	[Ctrl]+[BacK SpacE]キー	確定した文字列を確定前に戻す	48
	[Ctrl]+[Enter]キー	一括でデータを入力する	56
	[Ctrl]+[1]キー	[セルの書式設定]ダイアログボックスを表示する	60
	[Ctrl]+[D]キー	あるセルを1つ下のセルにコピーする	66
	[Ctrl]+[R]キー	あるセルを1つ右のセルにコピーする	66
	[Ctrl]+[D]キー	図形をコピーする	70
	[Ctrl]+方向キー	データ範囲の先頭行、末尾行、先頭列、末尾列に移動する	74
	[Ctrl]+[Home]キー	セルA1に戻る	80
	[Ctrl]+[A]キー	入力範囲およびワークシート全体を選択する	82
	[Ctrl]+[F]キー	[検索と置換]ダイアログボックスの[検索]タブを表示する	86
	[Ctrl]+[H]キー	[検索と置換]ダイアログボックスの[置換]タブを表示する	92

Contents

> 準備編
> 1章

ショートカットキーは、抜群のストレス解消テクニック

中級編 3章 Ctrl + Shift の組み合わせで 大幅効率UP！

Column

準備編

1章

ショートカットキーは、抜群のストレス解消テクニック

本章では、本書の特徴とともに、ショートカットキーの「便利さ」を概念的に理解していただきます。もちろん、実際にショートカットキーを使ってみなければ、その「凄さ」は実感できませんので、ここではなんとなく興味を持ってもらうだけで十分です。

また、ウォーミングアップとして、本章で早速1つ、Esc キーの使い方をマスターしてもらいます。

Excelでマウスを使うのは、ガラケーで文字入力するのと同じ

直感的な操作が便利だとは限らない

まず、冒頭から断言します。

Excelのショートカットキーは「凄い」です。「便利」です。

一度覚えたら、もうショートカットキーなしではExcel作業はしたくなくなるでしょう。それも当然で、人間はわざわざ「便利」から「不便」に移行しようとは思わないからです。

とは言っても、これからExcelのショートカットキーを学習していくみなさんに、いきなり「便利」と断言してしまうのも乱暴な話です。そこで、この私の主張を漠然とでも理解してもらうために、1つたとえ話をさせてください。

それは、携帯電話です。

未来のことはわかりませんが、現時点では、携帯電話にはガラケーとスマホの2種類があります。そして、ガラケーユーザーには恐縮ですが、ここではスマホユーザーを想定します。

　もっとも、たとえガラケーユーザーでも、他人がスマホを操作しているところを見たことすらないという人はほとんどいないと思いますので、疑似体験のつもりで読み進めてください。

　さて、ではスマホユーザーのみなさんにお願いがあります。記憶をほんの数年前に戻してみてください。あなたがガラケーユーザーだったころです。

　たとえば、ガラケーで「お」と文字入力する際には、「あ」のボタンを5回押す必要がありました。しかし、まだスマホを使ったことのないあなたは、それを不便だとは感じていなかったと思います。

　実際、私の名前は「大村」ですから、予測変換機能がない時代には、「あ」のボタンの5回連打を2度もしなければなりませんでしたが、それでも私はなんの疑問も抱くことなくその「不便」を受け入れていました。

　では次に、時計の針をそこから少し進めて、スマホに乗り換えた日を思い出してみましょう。私の場合は、その日、大きな「感動」と「不安」に襲われました。

　「感動」とは、「お」と入力するのに5回もボタンを押す必要がなくなったことです。「あ」のボタンに置いた指を下に滑らすだけで「お」と入力できてしまうのです。

　「これは凄い！　文字入力が格段に便利になるぞ！」

　そう喜んだのも束の間、私はすぐに「不安」を感じることになります。

「でも、これでは、あ行からわ行まで、指を上下左右どちらに滑らすかを全部覚えないとならない。そんなこと、自分にできるのか？」

今となっては滑稽な不安ですが、このときには本気で、「やっぱりガラケーに戻そうかな」と思ったものです。

そして、実際に私の心配は杞憂に終わりました。スマホを手にして5日目には、私は縦横無尽にタッチパネルの上で指を滑らせていました。

「む」なら、ま行の3段目だから「ま」のボタンに指を置いて上にスライド。そんなことを頭でわざわざ考えなくても、指が勝手にそのように動いていました。いえ、厳密にはそのように思考しているのですが、ほとんど無意識の作業です。

では、本題のExcelの話に入ります。

マウスで目的のコマンドを選択して、クリックする。これはとても直感的な操作で、なによりも「覚える」という作業が不要です。ですから「Excelのコマンドはマウスで実行するもの」と信じて疑っていないユーザーが非常に多く見受けられます。

Excel歴5年の上級者でさえ、次のように考えている人は多数います。

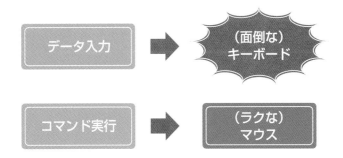

ただ、よく考えてください。Excelの作業と一口に言っても色々ですが、作業時間の大半はデータ入力をしているユーザーが少なくないのではないでしょうか。

すなわち、Excelの作業中は、みなさんの両手はキーボードの上にあるわけです。

その状態で、次の2つの動作を比較してみてください。

🅐 両手はキーボードに置いたまま、Ctrl + 1 キーを押すだけで［セルの書式設定］ダイアログボックスを表示する。

🅑 キーボードから手を放してマウスを握り、リボンの目的の位置にマウスカーソルを合わせてクリックし、［セルの書式設定］ダイアログボックスを表示する。

もし、🅑の動作を無駄だと思うのであれば、本書を読めば間違いなくあなたのExcelスキルはさらに向上します。

これはすなわち、**あなたの仕事のスキルが上達する、もしくは作業効率が改善されることを意味します。**

　実際に、Ⓐのケース、すなわちショートカットキーをマスターすると、「無駄な作業」をする回数は激減します。結果、キーボードに接着剤で指が貼り付いたように、マウスを使いたくなくなることでしょう。
　これはあたかも、一度指を滑らせるだけで「お」と入力できるスマホの便利さを知ってしまうと、5回押さなければ「お」と入力できないガラケーはもう使いたくなくなる心理状態に酷似しています。

　もっとも、そうは言っても、私が初めてスマホを手にしたときと同じ不安を抱く読者もいるかもしれません。前述のとおり、私はスマホ片手にこう思いました。
　「自分は、文字の入力方法を覚えられるのか?」
　そして、繰り返しになりますが、それは無用な心配でした。
　ショートカットキーも同様です。そもそも、日本語は50音ありますが、絶対に覚えておきたいショートカットキーはせいぜい20〜30個くらいです。しかも、「C」は「Copy」の「C」、のように意味づけされているものもあるので、**必ず容易に覚えられます。**
　また、無理なくマスターしていただくために、本書ではさまざまな工夫を凝らしています。

　決して、ガラケーユーザーを怒らせるつもりはないのですが、スマホユーザーの中には、ガラケーを見ると、「え！　まだガラケー、使ってるの！」と心中で驚く人は少なくありません。

　同様に、本書を読んで使用頻度の高いショートカットキーをマスターすると、コマンドを実行するたびにマウスに手を伸ばす人を見て、必ずやこう思うでしょう。

「え！　まだマウス、使ってるの！」

02
ショートカットキーをマスターする メリットはストレスの軽減

「作業効率」と「楽しみ」を同時にアップする

ここで少し、みなさんの本音を探らせてください。

おそらく、みなさんの多くはExcelを使いたくて使っているわけではないと思います。顧客データを管理したり、次の四半期の売上をシミュレーションしたりするときに、鉛筆と紙よりもExcelのほうが数万倍便利だから使用しているのは火を見るより明らかです。

私は「もしExcelがなかったら」と考えるとぞっとします。Excelが人類に果たしている貢献は計り知れず、それこそノーベル賞ものだと思いますが、ポイントは「使いたくて使っているわけではない」という点です。

実際に、私はExcelを使っているときよりも、PS4でゲームをしているときのほうが幸せです。

「早くゲームで遊びたい。だから、Excelの作業はなるべく早く終わらせたい」。これが私の本音です。

すると、必ずこのような論調が
出てきます。

仕事ができる人ほど、マウスを使わない。

　そして「マウスを使う時間が長い人は年収も低い」とまで言い切る人もいます。ただし、本当にそうなのか、私は大いに疑問です。

　そもそも「仕事ができる」とは、「Excelでマウスを使わないこと」と同義なのか、私は思わず首をかしげてしまいます。

　また、こうした主張もよく耳にします。

ショートカットキーを使うと、作業時間が短縮できる。

　この点については100%の自信を持って断言しますが、これはまぎれもない事実です。ショートカットキーを使ったほうが操作は早くなり、作業効率の改善になります。

　すなわち、私のケースでは「短縮できた時間」の分だけ、余分にゲームを楽しめるということになります。

　ただ問題は、この「短縮できる時間」です。夢のない話で恐縮ですが、ショートカットキーで縦横無尽にExcelを操作できるようになっても、8時間の作業が1時間に短縮されることはあり得ません。

　それよりも、ショートカットキーの神髄は**「ストレスの軽減にある」**と私は考えています。

　言い換えれば、**Excelを使うこと自体が今よりも楽しくなる**ということです。

私がExcel初心者だったころ、WindowsやExcelは本当によくフリーズしました。ですから、暇さえあれば上書き保存のフロッピーアイコンをマウスでクリックしていたのですが、当時の私は、マウスに手を伸ばすたびに「面倒くさい」と思っていました。

　すなわち、ストレスを感じていたわけです。

　しかし、Excelを使っていて直面する最大のストレスは、まだブックを保存していないのに、WindowsやExcelがフリーズしたとき、すなわち、入力したデータが失われるときではないでしょうか。

　そして、この多大なストレスを避けるために、こまめに上書き保存をするわけですが、人によっては、1日に50回くらい上書き保存する人もいます。

　そして、そのたびにキーボードから手を放してマウスを握るときに「面倒くさい」と思うのであれば、その分だけストレスは増幅し、Excelの作業も苦痛を伴うものになるでしょう。

　ちなみに、私の場合には36ページで紹介している、上書き保存のショートカットキーを覚えてから、ストレスは軽減どころか一切なくなりました。

　もっとも、マウス操作をショートカットキーにしたからといって、繰り返しになりますが、8時間の作業が1時間に短縮されたわけではありません。しかし、8時間の作業が、確実に前よりも楽しくなりました。

作業効率の改善。時間短縮。とても甘美な言葉ですが、私は本質はそこではないと思っています。

それに、ショートカットキーを駆使しても、得られる時間短縮は1日に1時間程度だと思います。もっとも、この1時間の作業時間の短縮こそが絶好のストレスの改善なのかもしれませんが。

いずれにしても、

ショートカットキーを駆使すれば、Excelの作業自体が楽しくなる。

これは間違いなく事実であることを、みなさんには知ってもらいたいと思います。

03

本書では、Escキーも ショートカットキー

ショートカットキーとは「便利なキー」のことである

　本書では、厳密には「ショートカットキーではない、キーの組み合わせも」含まれます。

　ショートカットキーとは、本来は、マウスで実行できるExcelのコマンドを、代わりにキーの組み合わせで行うものです。

　しかし、Excelには用意されていないコマンドでも、キーの組み合わせで実行できるというケースがあります。しかも、こうしたものほど便利な場合が多いのです。

　たとえば、82ページで紹介している、表のデータ部分だけを選択する Ctrl + A キーは、厳密にはショートカットキーではありません。

　しかし、本書では便宜上、紹介するすべてのキーの組み合わせはショートカットキーと表記します。

　なぜなら、それが「Excelのコマンドの代わりに実行するショートカットキー」なのか、「Excelのコマンドにはない便利なキーの組み合わせ」なのかを区別する必要はまったくないと考えるからです。

　Excelに関することは、知識としてすべて「正確に」覚えたい。そうした人ならともかく、おそらく本書の読

者は、「**Excelを体で覚えてラクをしたい**」のではないでしょうか。

もしそうなら「ショートカットキーの厳密な定義」など、なんの意味もありません。必要なのは知識ではなく、「目的の操作をキーの組み合わせだけで実行するスキル」だからです。

この点をお断りした上で1つ、Esc **キー**というショートカットキーを紹介させてください。

セルにデータを入力し始めたはいいものの、考えがよくまとまらずに入力を中断したいケースがあります。

ここで一度、Enter キーでデータを確定したあとに、Delete キーで削除するユーザーがいます。しかし、こんなときには迷わずに Esc キーを押してください。これだけで**入力作業を中断する**ことができます。

この Esc キーは、「**エスケープ**」のことです。すなわち、どうしていいかわからなくなったので、Esc キーで脱出する（エスケープする）ということです。

ちなみに、エスケープできるのはデータ入力だけではありません。ダイアログボックスを開いたものの、やはりなにも設定したくないというときにも、わざわざマウスで ✕ ボタンをクリックしなくても、Esc キーを押せば、そのダイアログボックスを閉じることができます。

では、ワークシートでデータの削除や表の整形作業などをしているうちに、逆にわけがわからなくなってきて（いわゆる、「ドツボにはまる」という状態ですね）、とにかくエスケープしたい、元のワークシー

トに戻したい、という場合はどうでしょう。

　この場合は、Escキーではエスケープできません（元のワークシートに戻せません）。こうしたときは、心を落ち着かせて、ブックを保存せずに閉じましょう。

　当然ですが、もう一度ブックを開けば元通りです。

　なにを当たり前のことをと読者のみなさまには叱られそうですが、実はこれは私の目撃談です。

　以前私は、同じ課題に受講生が一斉に取り組む「ハンズオンセミナー」の講師をしていました。

　そんなある日、セミナーの最中に小声の「すみません」が私の耳に入り、そちらを見ると申し訳なさそうに挙手をしている受講生がいました。

　聞くと、「このワークシート、表がぐちゃぐちゃになってしまったので元の状態に戻したいのですが、元に戻るボタンをこれ以上クリックできません」と言われました。

　そこで、「それなら、保存せずに閉じて、またそのExcelブックを開けばいいですね」と言うと、彼は赤面してうつむいてしまいました。

　今となっては笑い話ですが、そのセミナーでは、Excelの計算結果が正しいかを電卓で懸命に再計算している猛者もいました。

　この20年で、確実に日本人のコンピュータリテラシーは向上しています。

　また、繰り返しになりますが、次図のように、[セルの書籍設定] ダイアログボックスを開き、フォントのサイズや色を変えているうちに完成形がイメージできなくなってしまったときなどは、Xボタンや

［キャンセル］ボタンをクリックする代わりに Esc キーでダイアログ
ボックスを閉じることができます。

04

本書ならショートカットキーが 必ず覚えられる理由①

基本となるキーごとに章分けしている

　読者の中には、過去にショートカットキーに取り組んだ経験はあるものの、結局覚えられなくて（覚えるのが面倒になって）、そのままマウスを使っている人もいると思います。しかし、それは決してあなたの責任ではありません。

　もしあなたが、セミナーで以下のように言われたとします。

❹ショートカットキーを覚えるには、根気がいる。
❺しかし、一度覚えてしまえば、自然に使えるようになる。

　この❺については、まさしくそのとおりです。

　冒頭の私のスマホの例もそうですが、一度脳で覚えれば、体に染みこんでしまって、無意識にショートカットキーが使えるようになります。

　いえ、もっと言えば、ショートカットキーを覚えると、わざわざマウスを使うのは、自転車に乗らずに引きながら歩くくらいのわずらわしさを感じるでしょう。

　しかし、❹に関しては、これでは覚えられなくて当然だと思います。そもそも、「根性」でなにかを成し遂げるというのは昭和の話です。ショートカットキーを覚えるのに必要なのは「根気」ではなく、「コツ」

です。

　そこで、本書では2つの大きな工夫を凝らしていますが、その1つ
が、**基本となるキー**ごとに章分けしている点です。

　ちなみに、後述するとおり、Ctrl キーを押しながら 1 キーを押す
と、［セルの書式設定］ダイアログボックスを表示することができます
が、この Ctrl キーが「基本となるキー」です。

　また、Alt キーを押しながら F4 キーを押すとブックを閉じる
ことができますが、この場合は Alt キーが「基本となるキー」です。

　そして、実際に目次のように章分けしてありますので、たとえば、

［セルの書式設定］ダイアログボックスのショートカットキーは、 1 キー

とだけ覚えればいいように、本書は書かれています。このケースでは、
Ctrl キーのことを意識する必要はまったくありません。

　このように、「基本となるキー」を暗記する手間を省くことで、より
簡便に、より記憶に残りやすくショートカットキーをマスターするこ
とができます。

05

本書ならショートカットキーが
必ず覚えられる理由②

頭文字、イメージ、そしてエピソード連想で覚える

●覚え方1（頭文字連想法）

　先に述べたとおり、ショートカットキーは、なにかの**頭文字**になっているケースが非常に多く見受けられます。ということは「それが、なにの頭文字なのか」を覚えれば、容易に暗記できるわけです。

　本書では、この点に徹底的にこだわっています。2章の最初に登場する「上書き保存」の S キーなどは、この覚え方の代表例ともいえるものです。

●覚え方2（イメージ連想法）

　これは、キーボードのアルファベットを**図形**のように認識して記憶する方法です。

　たとえば、「切り取る」道具といえば「ハサミ」ですが、ショートカットキーで「切り取る」ときは X キーを使います。

　いかがでしょうか？　そう言われると、「X」が「ハサミ」にしか見えなくなるのではないでしょうか？

　本書では、このイメージ連想法を用いています。

●覚え方3（エピソード連想法）

これは、アルファベットに**「なにかしらの意味」**を与えて、エピソードとして記憶する方法です。

たとえば、「Z」といえば、アルファベットの最後の文字です。すなわち、「あとがない」状態です。そして、こんな状態に陥ったときに Z キーを押せば、108ページで解説しているとおり、状態を元に戻すことができます。要するに、「あとがない」状態を「あとがある」状態に戻すのが、Z キーなのです。

本書では、このような3つの記憶法を駆使して、重要なショートカットキーを無理なく記憶していただきます。

繰り返しになりますが、ショートカットキーを覚えるのに必要なのは「根性」ではありません。「コツ」なのです。

もっとも、そうはいっても上述の覚え方では逆に無理があるショートカットキーもありますし、そもそも、変にこじつけるよりも素直に記憶してしまったほうが逆に覚えやすいショートカットキーもあります。

そうしたキーは、数は少ないので「根性」で覚えてください。もっとも、私個人の意見ですが、「根性」が要求されるようなショートカットキーに限ってさほど重要ではありません。なぜなら、Microsoftは重要なショートカットキーは「コツ」で覚えられるように工夫してExcelを開発しているからです。

ですから、**「根性」で覚えるのに抵抗があるようでしたら、無理に覚えなくてもいい**と私は考えています。

本書では「基本となるキー」は省略して表記する

「基本となるキー」ごとにまとめて覚えよう

では、次の2章からいよいよショートカットキーの紹介に入りますが、本書では、2章から4章までは、「基本となるキー」は、タイトル欄では表記せずに解説します。

たとえば、2章の「基本となるキー」は Ctrl キーですので、

上書き保存のショートカットキーは、 Ctrl + S キー

とは表記せずに、

上書き保存のショートカットキーは、 S キー

と表記します。

読者のみなさんも、すでに Ctrl キーの話であることは理解した上で読んでいますので、あとの表記のほうがシンプルで、格段に読みやすく、そして覚えやすいとの判断からです。
また、これが本書の最大の特徴と言えるかもしれません。

もっとも、本文中で基本となるキーを毎回省略してしまうと、逆に

可読性が下がったり、勘違いを誘発する恐れがありますので、「基本となるキー」を併用した記載法を用いることもあります。

　この点は、ケースバイケースで解説しています。

Excelのフリーズに対処する
タスクマネージャー

　Excelに限らず、Windowsアプリケーションが使用中にフリーズしてしまったという経験がある人も多いと思います。

　こんなときにいきなり電源を落としてしまう人もいますが、これは絶対にやめてください。というよりも、最後の手段にしてください。

　ここではExcelに話を絞りますが、Excelがフリーズしてしまったときには、図1の「タスクマネージャー」を起動してください。

▼図1

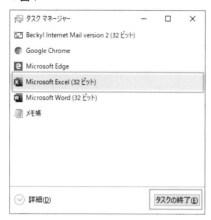

　このタスクマネージャーで、図のように「Microsoft Excel」
を選択し、[タスクの終了] ボタンをクリックすれば、ほとんど
のケースでフリーズしてしまったExcelを終了させることがで
きます。

　もっとも、このタスクマネージャーがあまり知られていない
のは、その起動方法が非常に面倒だからだと私は考えています。
　しかし、幸いなことに一発でタスクマネージャーを起動でき
るショートカットキーがあります。
　本書では、ショートカットキーの解説は2章から行いますが、
この「緊急事態を助けてくれる」タスクマネージャーのショー
トカットキーはここで覚えてしまってください。
　それは、Ctrl＋Shift＋Esc キーです。キーボードの種類にも
よりますが、多くのキーボードではこの3個は一番左の列で下
から上に並んでいますので、覚えやすいのではないでしょうか。

初級編 2章

王道は Ctrl キーとの 組み合わせ

　重要なショートカットキーの大半は Ctrl キーと組み合わせて使います。もちろん、だからと言って Alt キーと組み合わせたり、Ctrl + Shift キーと組み合わせるショートカットキーが重要ではないということではありません。

　しかし、間違いなくショートカットキーの「王道」は、Ctrl キーとの組み合わせで使うものです。

　まずは、この「王道」のショートカットキーを確実に理解し、作業時間の短縮とストレスの軽減に役立ててください。

あなたを救う「S」のマーク

上書き保存

☞ S キー

Save

S

Ctrl

作業中のファイルを上書き保存する

みなさんはExcelを使っていて、まるで幽霊でも見たかのように悲鳴を上げたことはありませんか。私はあります。それも、1回、2回ではありません。100回、200回という回数です。

と、こんなことを言うと、「なにを大袈裟な」というみなさんのお叱りが聞こえてきそうですが、まぎれもない事実です。私が会社を経営していたころは、悲鳴を上げたと思ったら、そのまま帰宅してしまった社員もいました。

では、一体、彼の身になにが起こったのでしょう。液晶ディスプレイの中にドクロでも浮かんできて錯乱したのでしょうか。

もちろん、そんなオカルトな話ではありません。彼が見てしまった

もの。それは、「フリーズ」です。そうです。Excelが突然動作しなく
なった、反応しなくなったのです。

　私は、パソコンを使っていて、画面上部に「応答なし」と表示されて
いるExcelほど怖いものはないと思っています。確実にドクロより怖
いです。

　こうなったが最後、パソコンを再起動するしかありません。

　厳密には、33ページで解説したとおり再起動しない方法もあります
が、本質はそこではありません。この場合の本質は、「入力したデータ
がすべて失われる」「それまでしていた作業がすべてパーになる」こと
です。

　これで悲鳴を上げるな、というのが無理な話です（かと言って、仕
事を放り出して帰宅するのはいかがなものかと思いますが）。

　そこで、みなさんにぜひとも強調したいのが、**とにもかくにも上書
き保存。そして、手を休めるときには上書き保存。**

　この習慣をぜひとも身に付けていただきたいということです。

　さて、この上書き保存のショートカットキーは、Ctrl ＋ S キーで
す。

この「S」ですが、これは「Save」の頭文字です。

　いかがですか。これなら忘れようがありませんよね。しかも、Ctrl
キーと S キーの位置が近いので、左手だけで無理なく押せます。これ
は、よく使うショートカットキーだけに嬉しさ倍増です。

これからは、「手を休める回数＝ $\boxed{\text{Ctrl}}$ ＋ $\boxed{\text{S}}$ キーを押す回数」を心掛けてください。

どれほど「時間短縮」を声高に叫んでも、4時間の作業がパーになったら、取り戻すのは至難の業です。そうなってからでは遅いのです。

Excelのフリーズ自体は、私たちユーザーには対処のすべがありません。そんな気まぐれなExcelに対して私たちができる唯一の対抗手段が**頻繁に上書き保存**、すなわち、**頻繁に $\boxed{\text{S}}$ キー**なのです。

▼図1

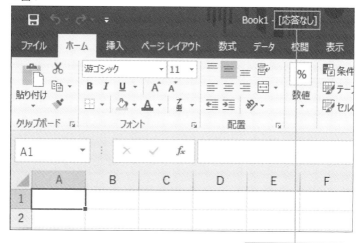

「応答なし」と表示されている画面

［セルの書式設定］ダイアログボックスの
代わりに使うショートカットキー

　フォントの変更に関するショートカットキーで、よく次の3
つが紹介されます。個人的には、気が向いたら覚えておく、程度
でいいと思います。

● Ctrl ＋ B キー

　これは、フォントを太字にするショートカットキーです。「B」
は、「Bold＝太字」の頭文字です。2回押すと、太字の設定が解
除されます。

● Ctrl ＋ I キー

　これは、フォントを斜体にするショートカットキーです。「I」
は、「Italic＝斜体」の頭文字です。2回押すと、斜体の設定が解
除されます。

● Ctrl ＋ U キー

　これは、フォントに下線を引くショートカットキーです。「U」
は、「Underline＝下線」の頭文字です。2回押すと、下線の設
定が解除されます。

02

キング・オブ・ショートカットキー

コピー&ペースト

☞ **C** キー ☞ **V** キー

☞ **X** キー

選択されたデータをコピー&ペーストする

　本節のタイトルを見て、「そのショートカットキーは知っています」という読者は少なくないと思います。そうした読者は、本節は読み飛ばして、次節に進んでください。

　さて、段々とみなさんの記憶も薄れていっていると思いますが、2014年は、1人の若手女性研究者にマスコミも、そして私たち国民も振り回された1年でした。

　研究室では白衣ではなく、なぜか割烹着姿。それで「だし巻き卵、200個作りました！」なら小料理屋の若女将の発言で済まされるのですが、作成したものが、生物細胞学の根幹を揺るがす世紀の大発見とも言うべき万能細胞だったから大変です。

　しかし、研究者ではない私に、その実験の有意性を論じる資格はありませんが、それよりも彼女の論文の一部が盗用ではないかと問題視され、「コピペ」という言葉が大流行しました。私の老いた父ですら、母に向かって、「そんなのコピペすればいいんだよ」と言い放つ始末。

　もっとも、私の父は、「コピペ」を「真似る」の意味で使っていましたが、もちろんこれは大間違い。「コピペ」は、**コピー＆ペースト（貼り付け）**の略語です。

　Excelを使っていて「便利だな」と思う機会は枚挙にいとまがありませんが、誰もが一番最初にその便利さを痛感するのは、「あるセルのデータをコピーして、それを別のセルに貼り付ける」作業をしたときでしょう。

　同じデータを何度も入力する必要がないわけですから、「便利」を通り越して、コピー＆ペースト機能がなければ、誰もExcelは使わないと思います。

　さて、そのコピー＆ペーストですが、これはExcelのメニューや、マウスの右クリックによるショートカットメニューを使う必要は一切ありません。

　まず、これは多くの人が違和感を抱くところですが（私も初心者のころは違和感だらけでした）、日常用語で「コピー」と言ったら、それだけで「複写が作れる」ことを意味しますが、Excelの場合は、あくまでもコピー＆ペーストでデータを複製します。「コピー」だけではデータの複写は作れません。

なぜなら、「コピー」とは、元となるデータを、目に見えない箱に一度コピーして収納する作業のことだからです。

　そして、その箱からデータを取り出して目的の場所に複写することを「ペースト（貼り付け）」と言います。

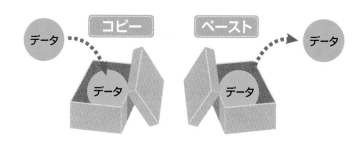

　だから、「コピー＆ペースト」と、2つの機能を1セットにしてデータを複写するわけです。

　ちなみに、このときに、箱の中のデータはなくなりませんので、一度「コピー」したデータは、何回でも「ペースト」できます。

　では、次の図1を見てください。

▼図1　　　　　　　　　　　　　　　　　　　　ダウンロード 2-02.xlsx

| A1 | ▼ | : | × | ✓ | fx | 担当者 |

	A	B	C	D	E	F	G	H
1	担当者	勤務日数	売上金額					
2	望月	24	1,600,000					
3	佐野	25	1,300,000					
4	亀井	18	800,000					
5	大村	19	2,200,000					
6								
7								

セルA1:C5が選択されている

　セル A1：C5が選択されていますが、この表と同じものをコピーして、セル E1：G5に貼り付ける場合を想定しましょう。

　まずは、セル A1：C5を「コピー」しなければなりませんが、このときのショートカットキーは、Ctrl ＋ C キーになります。

この「C」は、「Copy」の「C」です。

　いかがでしょうか？　これなら忘れませんよね。

　次にするのは「ペースト」ですが、これは Ctrl ＋ V キーです。すなわち、セル E1を選択して Ctrl ＋ V キーを押します。

　以上の操作で、セル A1：C5のデータは、次の図2のようにセル E1：G5に複写されます。

▼図2

	A	B	C	D	E	F	G	H
1	担当者	勤務日数	売上金額		担当者	勤務日数	売上金額	
2	望月	24	1,600,000		望月	24	1,600,000	
3	佐野	25	1,300,000		佐野	25	1,300,000	
4	亀井	18	800,000		亀井	18	800,000	
5	大村	19	2,200,000		大村	19	2,200,000	

セル A1:C5のデータがセル E1:G5に複写される

なお、「コピー」の C キーは絶対に忘れてはいけませんが、「ペースト」の V キーを「V」と覚える必要はまったくありません。キーボードで、「V」は「C」の右隣にありますので、次のように体に染みこませるだけで十分です。

　Ctrl ＋ C キーでコピーして、貼り付け先のセルを選択したら、**もう一度 Ctrl キーを押しながら、「Cの1つ右のキー」でペーストする。**

　このとき、「Cの1つ右のキー」が V キーかどうかなんてどうでもいいのです。

　試しに、Excel歴5年という人に「ペーストのショートカットキーは？」とクイズを出してみてください。驚くほど多くの人が、とっさに V キーと答えられません。

　なぜなら、脳で覚える必要がないからです。体が覚えているからです。もしかしたら、上級者ほどむしろ回答につまるかもしれません。

　もっとも、「V」は「かご」に似ていますので、「コピーしたものを『かご』に入れるのがペースト」と覚えるのも一手段ですね。

選択されたデータを切り取り&ペーストする

さて、このコピー&ペーストとセットで覚えておきたいのが**切り取り&ペースト**です。

まず、切り取り&ペーストの機能を説明させてください。

次の図3の左の状態でセルA1：C5のデータを切り取って、それをセルE1：G5に貼り付けると、下の図4のようになります。

▼図3　　　　　　　　　　　　　　　　　　　　　　　ダウンロード 2-02.xlsx

セルA1:C5を切り取り

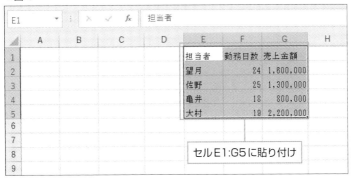

▼図4

セルE1:G5に貼り付け

すなわち、**「切り取り＆ペースト」とは、データの複写ではなく、「データの移動」なのです。**

　前図の場合には、まず、セルA1：C5を選択して Ctrl ＋ X キーを押し（切り取り）、セルE1を選択して Ctrl ＋ V キーを押します（ペースト）。

　さて、この X キーですが、これは C キーの左隣にあるので、やはり体が勝手に覚えますが、脳も勝手に覚えてしまいます。
　みなさんは、紙を切り取るときには「ハサミ」を使いますよね。「X」は、見た目がハサミにそっくりなので、視覚的に脳でも覚えてしまいます。
　また、Excelの［切り取り］コマンドを見ると、しっかりとハサミのアイコンが描かれています。

　「キング・オブ・ポップ」と言えばマイケル・ジャクソンですが、「キング・オブ・ショートカットキー」と言えば、間違いなく、キーボードの左から X キー、 C キー、 V キーです。

　そして、この3つの中で覚えなければいけないのは、「Copy」の C キーだけです。あとは、数回使えば、体が勝手に覚えます。

　今後は、切り取り、コピー、貼り付けは、二度とマウスを使わないことを推奨します。いえ、私がそんなことを声高に叫ばなくても、ショートカットキーを使う癖が付いたら、もはやマウスで操作しようという気持ちは微塵もなくなることでしょう。

Column

「貼り付け」と一緒に覚えておきたい 「形式を選択して貼り付け」

　Excelでは、セルを別のセルにそのまま貼り付けるより、フォントや罫線といった「セルの書式」を無視して「内容」だけを貼り付けたいケースは多々あります。

　こうしたケースでは「形式を選択して貼り付け」をしますが、このショートカットキーは、 Ctrl + Alt + V キーになります。 V キーは共通ですが、基本となるキーが異なっていますので、その点に注意してください。

　また、Wordなどでコピーしてから Ctrl + Alt + V キーを押すと、通常とは異なるダイアログボックスが表示されてしまう点にも注意してください。

汚職事件がお食事券!?

文字列の再変換

👉 Back Space キー

Back Space

Ctrl

確定した文字列を確定前に戻す

Excelの作業の大半をデータ入力に費やすユーザーは少なくないと思います。すなわち、データ入力が速ければ速いほど、作業時間は短縮されます。

一方で、データ入力をしていて大きなストレスを感じる瞬間は、間違いなく**誤変換**をしてしまったときでしょう。そして、「Excelめ！誤変換しやがって！」となるのですが、冷静に考えれば、誤変換しているのは入力者で、Excelにはなんの罪もありません。

こんな八つ当たりをしたくなるくらい、誤変換はストレスの元凶とも言えます。

さて、あなたがExcelで「汚職事件」と入力したいとします（そもそ

も、仕事でこんな単語を入力する機会があるのかは疑問ですが）。

　そして、あなたはひとしずくの疑問も抱くことなく、変換すれば「汚職事件」と表示されると思っていますので、確認もせずにそのまま確定します。そして、セルを見て「お食事券」と入力されているのを見ようものなら、脱力のあまり勤労意欲は一瞬にして萎えることでしょう。

　ここで、「Excelめ！　まだお昼休みじゃないんだよ！」と悪態をつきながら、Delete キーで「お食事券」の文字列を消して、再び「おしょくじけん」と入力し直しているようなら、ぜひとも覚えていただきたいショートカットキーがあります。

　それが Ctrl ＋ BacK Space キーです。

　これは**確定してしまった文字列を確定前に戻す**ことのできるショートカットキーです。

　「後悔先に立たず」と言いますが、「やってしまった！」と思っても、「やってしまう」前の状態に戻せる、あたかも魔法のようなショートカットキーで、間違いなく病みつきになります。

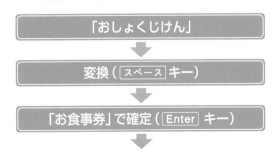

49

Ctrl + BacK Space キー

↓

確定前に戻る

↓

変換（スペース キー）

↓

「汚職事件」で確定（Enter キー）

ちなみに、確定した文字列を確定前に戻すとはこういうことです。

なにか、図にすると面倒に見えますが、これは漢字変換の作業自体がそもそも面倒な作業なのであって、Ctrl + BacK Space キーが面倒なわけではありませんので、ここだけは誤解しないでください。

むしろ、Ctrl + BacK Space キーは絶対にマスターし、習慣化していただきたいと思います。

この BacK Space キーですが、次のように覚えてはいかがでしょうか。

確定前の状態に時計の針を「バック」する。

ちなみに、私は早とちりが多いので、1日に何十回も「バック」します。すなわち、Ctrl + BacK Space キーで確定前の状態に戻して、誤変換した漢字を確定し直します。

これまでは、「汚職事件」と「お食事券」の例で話を進めてきましたが、実は、Ctrl + Back space キーでいつでも確定前の状態に戻せることを知ると、入力のストレスがあり得ないほどに激減します。

　繰り返しになりますが、誤変換は相当に過度なストレスがかかります。そして、文章が長くなるほど、思うように漢字変換されないことはみなさんも経験から理解しているでしょう。

　そのために、単語ごとに変換して、誤変換を減らそうとする。そんな入力方法が身に付いてしまっているユーザーは少なくありません。

　たとえば、次のような文章。

「日本の本日の天気は晴れです」

　これを、以下のように入力する人は少なくありません。

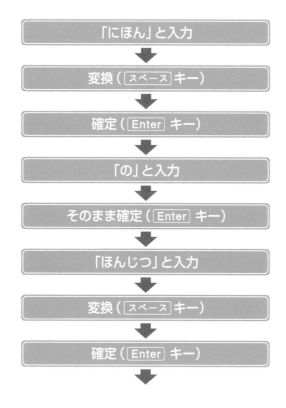

「にほん」と入力

↓

変換（ スペース キー）

↓

確定（ Enter キー）

↓

「の」と入力

↓

そのまま確定（ Enter キー）

↓

「ほんじつ」と入力

↓

変換（ スペース キー）

↓

確定（ Enter キー）

↓

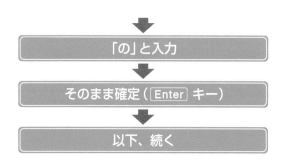

「の」と入力

そのまま確定（[Enter] キー）

以下、続く

　ちなみに、実際に今私が、途中で漢字変換をせずに、「にほんのほんじつのてんきははれです」と一度に入力したら、次のように変換されました。

「二本の本日の転記は晴れです」

　しかし、仮にうっかりこのまま確定してしまっても、なにも焦る必要はありません。なぜなら、確定前に「バック」できるのですから。

　こうした場合には、まず、[Ctrl] + [BacK Space] キーを押して、文章をまるごと確定前の状態に戻します。そして、← キーや → キーで文節を短くしたり長くしたりしながらひらがなに戻し、[Space] キーで再度確定していけばいいのです。

　この習慣が付くと、もう二度と単語ごとの変換作業はしたくなくなります。

　入力作業の効率化のポイントは、文章の長さにもよりますが、1つの文章を一度に入力してしまい、一気に変換することです。もし思いどおりに変換されたら、「ラッキー！」とそのまま Enter キーで確定しましょう。

　しかし、所々、意図していない漢字が含まれるケースは少なくありません。しかも、そのまま Enter キーで確定でもしようものなら、以前のあなたなら、「もう一度文章全体を入力し直し？　やめた！　今日の仕事は終わり！」と激しいストレスを感じるかもしれません。

　でも Ctrl + Back Space キーで確定前の状態に戻せることを知った今なら、そんなストレスは皆無ですし、なによりも1つの文章を一度に入力することになんの恐怖も抱かなくなります。

　もし、「1つの文章まるごと」が馴染めないようなら、読点「、」で一度変換するのも良いと思います。

　ここは個人の好みですが、名詞、助詞、動詞などと品詞ごとに変換していた人は、変換前の文章を細切れにせずに、なるべく長い文章を入力してから変換することで、変換回数は激減し、入力作業が信じられないほどラクになります。

　なお、Excelには「確定してしまった漢字を確定前に戻す」コマンドはありません。すなわち、本節で紹介した Ctrl + Back Space キーは、Windowsの日本語入力システム（IME）に標準で備わっている機能です。

　したがって、WordやPowerPointはもちろん、ブラウザやメモ帳など、Windows上で動作するほとんどのソフトで応用の利くテクニックです。

「やってしまった！」ことを「やってしまう」前の状態に戻せる、時計の針を「バック」できるのは本当にありがたいですね。

願わくば、私の人生にも [Ctrl] + [BackSpace] キーがあったらよかったのにと夢想する毎日です。

Column

漢字変換の際に
ぜひとも知っておきたい [Tab] キー

本節のテーマは「漢字変換」ですので、ぜひとも知っておきたいテクニックをご紹介します。

漢字変換の場合、[Space] キーを２回押すと、次の図のように変換候補が９個表示されます。

▼「よしひろ」を [Space] キーで漢字変換した場合

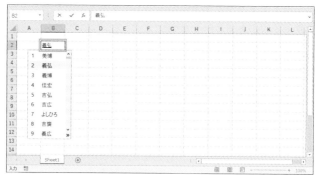

　そして、この9個の中に目的の漢字が見つからなければ、その漢字が出てくるまで Space キーを何度も押す人は少なくないのではないでしょうか。

　また、「目的の漢字はなかなか出てこないだろうな」と漠然と感じつつも、仕方なく Space キーを連打することも少なくないと思います。

　そんなときには、前図の状態で Tab キーを押してください。すると、次の図のように「よしひろ」の漢字が一覧表示されますので、目的の漢字を探すのがとてもラクになります。

▼ Tab キーで、「よしひろ」の漢字が一覧表示された

複数のセルに同時に入力

データの一括入力

一括でデータを入力する

Excelでデータを入力したら Enter キーで確定することは誰もが
知っています。

ただ、意外なことに、以下のように思い込んでいる人が少なくあり
ません。

Excelでは、一度に入力できるのは1つのセルのみ。

しかし、これは誤解です。このような誤解が蔓延している理由は、
40ページで紹介したコピー＆ペーストを知っていれば不便を感じな
いということと、私がExcelの機能の中でも最強だと信じて疑わない
オートフィル機能があるからだと思います。

次の図1を見てください。

▼図1 ダウンロード 2-04.xlsx

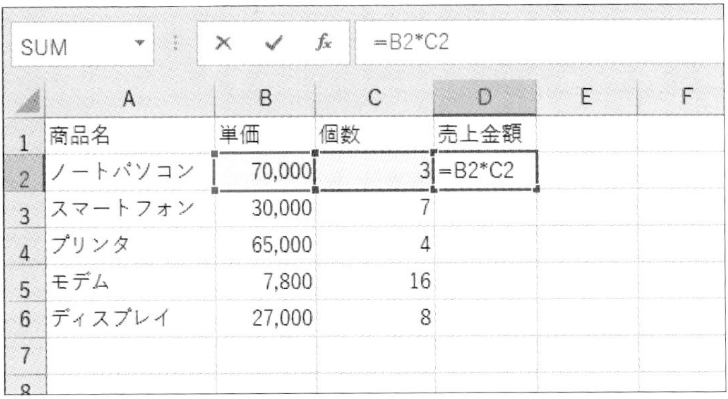

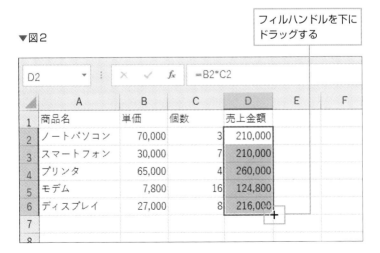

ここでは、「単価」×「個数」でD列に「売上金額」を入力しようとし
ていますが、多くの人が図1のように、まずセルD2に数式を入力し
て、次の図2のようにフィルハンドルを下にドラッグして数式を完成
させるのではないでしょうか。

フィルハンドルを下に
ドラッグする

▼図2

57

もちろん、この方法が良くないというわけではありません。強いて言えば、今回のケースでは、フィルハンドルを下にドラッグするのではなく、ダブルクリックしても同じ表が作れることをぜひ覚えていただきたいと思います。

　なぜなら、表が画面に収まらないほど縦長のときには、ドラッグではなくダブルクリックを使うほうが数倍ラクだからです。

　さて、しかし、ここでのテーマはオートフィルではありません。これから紹介することはとても重要なポイントですので、ぜひ覚えてください。

　Excelでは、**あらかじめ入力範囲を選択して、Ctrl + Enter キーを押せば、一括でデータが入力できます**。

　すなわち、次の図3のように操作すれば、オートフィルを使うことなく前図とまったく同じ表が作成できるのです。

▼図3

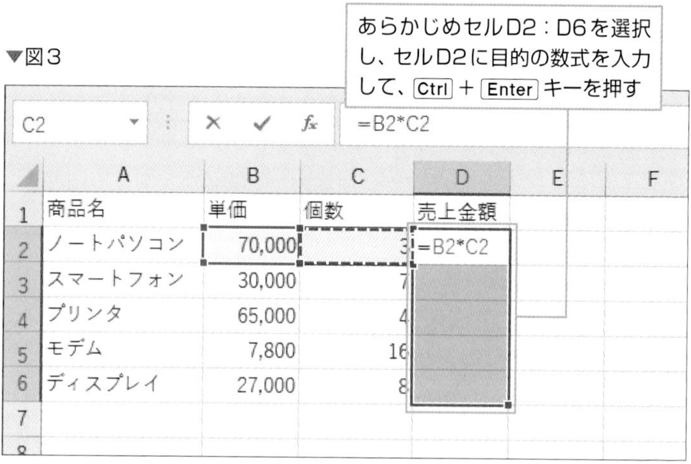

> あらかじめセルD2：D6を選択し、セルD2に目的の数式を入力して、Ctrl + Enter キーを押す

C2	▼	:	✕ ✓ fx	=B2*C2		
	A	B	C	D	E	F
1	商品名	単価	個数	売上金額		
2	ノートパソコン	70,000	3	=B2*C2		
3	スマートフォン	30,000	7			
4	プリンタ	65,000	4			
5	モデム	7,800	16			
6	ディスプレイ	27,000	8			
7						
8						

　これは、「基本となるキー」の Ctrl キーと、入力を確定する Enter キーを一緒に押すだけのことですので、ショートカットキーを暗記する必要はないと思います。

　むしろ、Excelでは「選択範囲に一括でデータを入力できる」ことを覚えてください。

　ちなみに、私個人の例では、たとえばセル A1：G100 などの広いセル範囲を選択し、セル A1 に「大村あつし」のように入力して Ctrl ＋ Enter キーを押せば、一発でセル A1：G100 に「大村あつし」と入力できるので、その後、プリンタでどのように改ページされるのかを確認したいときなどに重宝しています。

05

入力後、「1」番目にやる作業

セルの書式設定

☞ **1** キー

`1`

`Ctrl`

[セルの書式設定] ダイアログボックスを表示する

Excelでデータを入力し終えたあと、一番最初にする作業はなんでしょうか?

上司に表を見せる前に、トイレで化粧直し。

はい、そうですね……って、思わずうなずいてしまいましたが、自分の見栄えを整える前に、まずは表を整えましょう。フォントの種類やサイズ・色を変えたり、罫線を引いたり、などです。

そして、こうした作業は、次の図1の **[セルの書式設定] ダイアログボックス**で行います。

▼図1

さて、自慢ではありませんが、私はExcelのバージョンが2007にな
り、画面上部からメニューがなくなって、代わりにリボンが配置され
た現行方式になった際、1年ほど、マウスで[セルの書式設定]ダイア
ログボックスを表示することができませんでした（文字通り、なんの
自慢にもなっていません）。

それまではメニューから選択して実行できたのに、なにせ、メ
ニューそのものがなくなってしまったのですから、できるはずがあり
ません。

かと言って、セルの書式設定ができないのでは仕事になりません
し、実際に私は、セルの書式設定をなに不自由なく行っていました。

種明かしをしますと、私は［セルの書式設定］ダイアログボックスを表示するショートカットキーを知っていたからです。

　それは、Ctrl + 1 キーです。

　ちなみに、この場合の「1」は、テンキーの「1」ではありません。キーボードの上部に横一列に並んでいる数字の中の 1 キーです。

　冒頭、Excelでデータを入力し終えたら、「1」番最初にする作業は「表の見栄えを整えること」だと申し上げました。そして、「表の見栄えを整える」とは、［セルの書式設定］ダイアログボックスを表示することにほかなりません。

　すなわち、次のように覚えてはいかがでしょうか？

Excelでデータを入力し終えたら、Ctrl + 1 キーで、「1」番最初に［セルの書式設定］ダイアログボックスを表示する。

Excelスキルをさらに向上させるテクニック

　さて、これで［セルの書式設定］ダイアログボックスを表示するショートカットキーは大丈夫だと思いますが、この話題が出たところで、みなさんのExcelスキルをさらに一段向上させるテクニックもあわせて学習していただきたいと思います。

その名もずばり、「アクセスキー」です。

　上級者ですら知らないユーザーが少なくないテクニックです。しかし、アクセスキーを覚えると、みなさんはますますマウスを使う必要はなくなり、作業効率が上がり、反対にストレスは大きく軽減されます。

　もっとも、使用する「基本となるキー」が Ctrl キーではないため、読者によっては、ここで紹介すると逆に混乱する恐れがあります。

　ですから、アクセスキーは4章に移しましたので、これまでの流れでアクセスキーも一緒にマスターしてしまいたい人は、ここで一度138ページに飛んでください。

　逆に、まずは「王道」の Ctrl キーのショートカットキーをしっかりと学習したい人は、このまま読み進めてください。

セルに分数を入力する

　セルに分数を入力したいときに、[セルの書式設定] ダイアログボックスの [表示形式] パネルから「分数」を選ぶユーザーは多いと思います。

　しかし、分数を入力するときに [セルの書式設定] ダイアログボックスを使う必要はありません。なぜなら、頭に「0」を付けて、そのあとに半角のスペースを空ければ分数が入力できるからです。

　たとえば、「1/5」とセルに入力したければ、次の図のように入力してください。

▼「0 1/5」と入力すると……

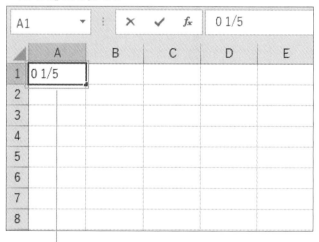

「0 1/5」と入力して
[Enter] キーを押す

▼セルに「1/5」と入力でき、数式バーは「0.2」になる

A1	▼	⋮	×	✓	f_x	0.2		
	A	B	C		D	E	
1	1/5						
2							
3							
4							
5							
6							
7							
8							

セルには「1/5」と入力されて、
「0.2」と数値と認識されている
ことが数式バーで確認できる

コピペよりも速いぞ！

[1つ下/右のセルにコピー]

☞ **D** キー

☞ **R** キー

```
R
D
Ctrl
```

あるセルを1つ下のセルにコピーする

Excelでは通常、次のいずれかの手順でデータを入力していきます。

❶上から下方向へデータを入力する（Down方向に入力する）
❷左から右方向へデータを入力する（Right方向に入力する）

そして、我らがExcelは、きちんとこのことは理解しており、そのためのショートカットキーも用意してくれています。

ちなみに、**あるセルを1つ下のセルにコピーする**ためのショートカットキーは、D**キー**です。

この「D」は、もちろん「Down」の頭文字です。

ただし、次の図1のように、Ctrl + D キーを押す前に、前もって1つ下のセルを選択しておく必要がありますので、その点は注意してください。

▼図1

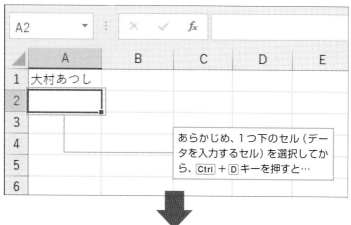

あらかじめ、1つ下のセル（データを入力するセル）を選択してから、Ctrl + D キーを押すと…

▼図2

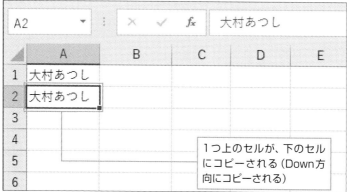

1つ上のセルが、下のセルにコピーされる（Down方向にコピーされる）

あるセルを1つ右のセルにコピーする

また、**あるセルを1つ右のセルにコピーする**ためのショートカットキーは、Ｒ**キー**です。

この「R」は、もちろん**「Right」**の頭文字です。

この場合も、次の図3のように、Ctrl＋Ｒキーを押す前に、前もって1つ右のセルを選択しておく必要がありますので、その点は注意してください。

▼図3

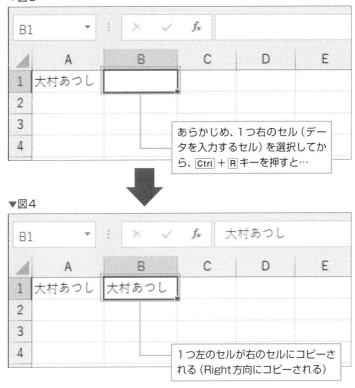

あらかじめ、1つ右のセル（データを入力するセル）を選択してから、Ctrl＋Ｒキーを押すと…

▼図4

1つ左のセルが右のセルにコピーされる（Right方向にコピーされる）

マウスホイールでワークシートの
表を拡大／縮小する

みなさまの中で、ワークシートの表を拡大／縮小するときに、
[表示] タブの中にある [ズーム] 関連のコマンドを利用する人
も多いと思います。

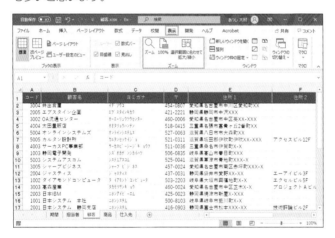

もちろん、この [ズーム] 関連のコマンドを利用しても一向に
かまわないのですが、「文字が見づらいな。ちょっと拡大したい
な」というときに、わざわざこのコマンドを使う必要はありま
せん。

そんなときには、Ctrl キーを押しながらマウスホイールを回
してください。

上に回せば表が拡大されます。

下に回せば表が縮小されます。

ちなみに、たとえばマウスホイールを 2 回上に回して表を拡大
したら、2 回下に回して縮小することで元のサイズに戻せます。

これは相当便利な機能ですので、これを機会にぜひとも活用
してください。

図形をコピーする

前節で、「あるセルを1つ下のセルにコピーするショートカットキーは D キーです」と説明しました。もちろん、この説明はなにも間違えていないのですが、あくまでもこれは、セルが選択状態になっているときの話です。

Excelは、図形描画機能が充実していますので、図形を扱う機会は少なくありません。となれば、一度描いた図形を簡単にコピーできれば便利ですよね。

そして、そのためのショートカットキーも、実は D キーなのです。すなわち、こういうことです。

▼図1

ダウンロード 2-07.xlsx

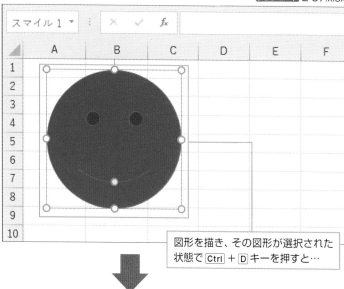

図形を描き、その図形が選択された
状態で Ctrl + D キーを押すと…

▼図2

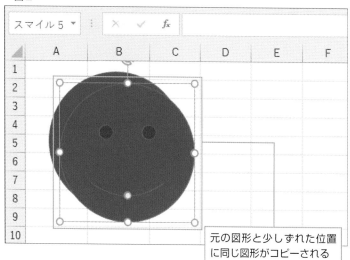

元の図形と少しずれた位置
に同じ図形がコピーされる

この場合の「D」ですが、次のように覚えてはいかがでしょうか。

元の図形を2つにする（Doubleにする）。「D」は、その「Double」の頭文字。

　実際には、Ctrl + D キーを押すたびに、2つと言わずに元の図形がいくつでもコピーできますが、私はあくまでも、「Double」の頭文字の「D」と記憶しています。

印刷プレビューのショートカットキー

　ワークシートの表を印刷する前に「印刷プレビュー」でイメージを確認するケースは多いと思います。

　だからこそ、印刷プレビューのショートカットキーは覚えておいたほうが良いでしょう。

　このショートカットキーは Ctrl + P キーなのですが、「P」は「Print」の頭文字ですので忘れることはないと思います。

　Ctrl + P キーを押すと、図1・図2のように印刷プレビューが表示されます。

▼図1

▼図2

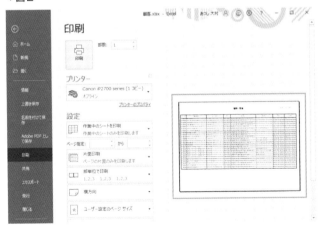

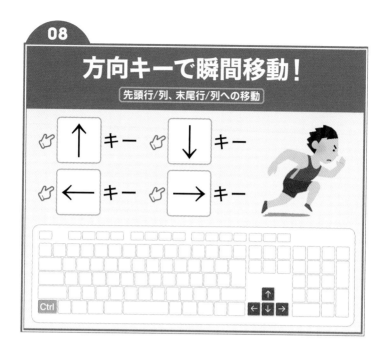

データ範囲の先頭行、末尾行、先頭列、末尾列に移動する

次の図1を見てください。

▼図1

ダウンロード 2-08.xlsx

	A	B	C	D	E	F
1	コード	顧客名	ヨミガナ	〒	住所1	TEL
2	3004	井出倉庫	イデソウコ	454-0807	愛知県名古屋市中川区愛知町XX	068-444-XXXX
3	2005	エプスタイン企画	エプスタインキカク	421-2221	静岡県静岡市中沢XXX	0549-67-XXXX
4	3002	OA流通センター	オーエーリュウツウセンター	460-0006	愛知県名古屋市中区葵XX-XXX	066-442-XXXX
5	4004	太田量販店	オオタリョウハンテン	518-0415	三重県名張市富貴ヶ丘2番町XX	0734-25-XXXX
6	5004	オンラインシステムズ	オンラインシステムズ	527-0063	滋賀県八日市市大森町XX	0817-96-XXXX
7	5005	カルタン設計所	カルタンセッケイジョ	521-0311	滋賀県坂田郡伊吹町伊吹XX-XXX	0818-97-XXXX
8	4003	サーカスPC事業部	サーカスピーシージギョウブ	511-0036	三重県桑名市伊賀町X-X	0733-24-XXXX
9	1003	静岡電子開発	シズオカデンシカイハツ	506-0835	岐阜県高山市春日町XXX	0445-33-XXXX
10	5003	システムアスコム	システムアスコム	525-0041	滋賀県草津市青地町XXX-X	0816-95-XXXX
11						
12						

この状態で新しいデータを入力するために、セル A11 を選択したいとします。この場合、誰もがこう考えるのではないでしょうか。

「セル A10 まで一発で移動し、↓キーを1回押してセル A11 を選択したい」と。そして、誰もが考えることは、Excel ではそのほとんどが可能だと思ってください。

このケースでは、Ctrl + ↓ キーを押せば、一発でセル A10 に移動します。そうしたら、Ctrl キーを放して（ここが重要です）、もう一度↓キーを押すだけでセル A11 が選択できます。

今回はたったの10行ですが、これが1,000行もある表であれば、このショートカットキーがいかに便利かは強調するまでもないと思います。

これが、表の一番下のセルを一発で選択する方法です。

同様に、セル A1 が選択されているこの表で、たとえば G 列に「FAX」という項目を増やしたいとします。

その場合、今回は右方向への移動ですので、Ctrl + → キーを押せば一発でセル F1 に移動しますので、Ctrl キーを放して、もう一度→キーを押すだけでセル G1 が選択できます。

もうおわかりだと思いますが、以下のショートカットキーは、表の先頭行・末尾行のセルを選択するものです。

↑キーは、表の先頭行に移動する。
↓キーは、表の末尾行に移動する。

さらに以下のショートカットキーは、表の先頭列・末尾列のセルを
選択するものです。

⬅️キーは、表の先頭列に移動する。
➡️キーは、表の末尾列に移動する。

　では「表の最後のセル」、すなわち前図のセルF10を一発で選択する
ショートカットキーというのはあるのでしょうか。

　ユーザーがこうした希望を持つ以上、やはりそのようなショート
カットキーはあります。しかし、本書ではあえて、そのショートカット
キーは紹介しません。

　理由は2つあるのですが、1つは、もしセルF10を選択したければ、
下方向に移動したあと、右方向に移動するだけですので、以下の
ショートカットキーで容易に実現できます。

⬇️キーでセルA10を選択し、➡️キーでセルF10を選択する。

　こんなに簡便なのに、わざわざ新たなショートカットキーを覚える
必要はない、というのが本書の立場です。

　もう1つは、「表の最後のセル」と、Excelが管理している「データが
入力された最後のセル」が異なることがあります。

　たとえば、あるセルに一度データを入力し、その後不要になったた
めにデータを Delete キーで消去したり、場合によってはセルごと削

除しても、そのセルがExcelにとっての「データが入力された最後の
セル」として情報が残ってしまうことがあるのです。

　俗に言う「ごみデータ」とか「ごみセル」で、こうした状況に陥った
ら、「ごみセル」を削除してブックを上書き保存する必要があります
（それでも「ごみセル」が残ってしまうこともあります）。

　こうなりますと、「表の最後のセル」を選択するショートカットキー
を押しても、表の外のまったく予期しない「ごみセル」が選択されて
しまい、しかも、あまりに離れたセルが選択されて、画面がスクロー
ルしてしまうこともあります。

　これでは、むしろ不便でしかありませんし、また、こうしたケース
は時々発生します。

　この2つの理由から、**「表の最後のセル」は Ctrl ＋方向キーを2回
押して選択する**のが良いと考えます。

　逆に、表の中のどのセルを選択している状態でも、一発でセルA1
に戻りたいこともあると思いますが、こちらは覚えやすい上に、必ず
意図したとおりに動作しますので、80ページでご紹介します。

　さて、これほどまでに便利な Ctrl ＋方向キーですが、実は思わぬ落
とし穴がありますので、その点について触れておきます。

　次の図2は、前述の表と若干異なっています。

▼図2

	A	B	C	D	E	F	G
A1	▼	:	×	✓	fx	コード	

	A	B	C	D	E	F	G
1	コード	顧客名	ヨミガナ	〒	住所1	TEL	
2	3004	井出倉庫	イデソウコ	454-0807	愛知県名古屋市中川区愛知町XX	068-444-XXXX	
3	2005	エプスタイン企画	エプスタインキカク	421-2221	静岡県静岡市中沢XXX	0549-67-XXXX	
4	3002	OA流通センター	オーエーリュウツウセンター	460-0006	愛知県名古屋市中区葵XX-XXX	066-442-XXXX	
5	4004	太田量販店	オオタリョウハンテン	518-0415	三重県名張市富貴ヶ丘2番町XX	0734-25-XXXX	
6		オンラインシステムズ	オンラインシステムズ	527-0063	滋賀県八日市市大森町XX	0817-96-XXXX	
7	5505	カルタン設計所	カルタンセッケイジョ	521-0311	滋賀県坂田郡伊吹町伊吹XXX-XXX	0818-97-XXXX	
8	4003	サーカスPC事業部	サーカスピーシージギョウブ	511-0096	三重県桑名市伊賀町X-X	0733-24-XXXX	
9	1003	静岡電子開発	シズオカデンシカイハツ	506-0835	岐阜県高山市春日町XXX	0445-33-XXXX	
10	5003	システムアスコム	システムアスコム	525-0041	滋賀県草津市青地町XXX-X	0816-95-XXXX	
11							
12							

空白になっている

よく見ると、セルA6が空白になっています。

では、この状態で先ほどと同じようにセルA10を選択するために Ctrl + ↓ キーを押したらどうなるでしょうか。

鋭い人は気付いたかもしれませんが、この表の場合ではセルA5が選択されてしまいます。セルA6が空白なため、セルA5が「A列の末尾のセル」と認識されてしまうからです。

もっとも、このように Ctrl + 方向キーを使いながら、表内の空白のセルを探していくのも立派なテクニックですので、これを機会に身に付けてください（Excelには、空白セルを探す「ジャンプ」という機能がありますが、本書では割愛します）。

さて本節の最後になりますが、Ctrl + 方向キーのような便利なショートカットキーがあるのであれば、次の図3のように一発でセルA1：A10が選択できるのではないかと思いませんか。

▼図3

	A	B	C	D	E	F	G
	コード	顧客名	ヨミガナ	〒	住所1	TEL	
1	コード	顧客名	ヨミガナ	〒	住所1	TEL	
2	3004	井出倉庫	イデソウコ	454-0807	愛知県名古屋市中川区愛知町XX	068-444-XXXX	
3	2005	エブスタイン企画	エブスタインキカク	421-2221	静岡県静岡市中沢XXX	0549-67-XXXX	
4	3002	OA流通センター	オーエーリュウツウセンター	460-0006	愛知県名古屋市中区葵XX-XXX	066-442-XXXX	
5	4004	太田量販店	オオタリョウハンテン	518-0415	三重県名張市富貴ヶ丘2番町XX	0734-25-XXXX	
6	5004	オンラインシステムズ	オンラインシステムズ	527-0063	滋賀県八日市市大森町XX	0817-96-XXXX	
7	5005	カルタン設計所	カルタンセッケイショ	521-0311	滋賀県坂田郡伊吹町伊吹XX-XXX	0818-97-XXXX	
8	4003	サーカスPC事業部	サーカスピーシージギョウブ	511-0036	三重県桑名市伊賀町X-X	0733-24-XXXX	
9	1003	静岡電子開発	シズオカデンシカイハツ	506-0835	岐阜県高山市春日町XXX	0445-33-XXXX	
10	5003	システムアスコム	システムアスコム	525-0041	滋賀県草津市青地町XXX-X	0816-95-XXXX	
11							
12							
13							

　この答えは、みなさんの想像通り、「できる」です。

　ただし、「基本となるキー」が Ctrl キーともう1つ必要になるので、この解説は124ページに譲ります。

セルA1に戻る

ここで紹介するのは、77ページで触れた、一発でセルA1に戻る方法です。

では、次図を見てください。

▼図1

ダウンロード 2-09.xlsx

	A	B	C	D	E	F	G
				E7	滋賀県坂田郡伊吹町伊吹XX-XXX		
1	コード	顧客名	ヨミガナ	〒	住所1	TEL	
2	3004	井出倉庫	イデソウコ	454-0807	愛知県名古屋市中川区愛知町XX	068-444-XXXX	
3	2005	エプスタイン企画	エプスタインキカク	421-2221	静岡県静岡市中沢XXX	0549-67-XXXX	
4	3002	OA流通センター	オーエーリュウツウセンター	460-0006	愛知県名古屋市中区葵XX-XXX	066-442-XXXX	
5	4004	太田量販店	オオタリョウハンテン	518-0415	三重県名張市富貫ヶ丘2番町XX	0734-25-XXXX	
6	5004	オンラインシステムズ	オンラインシステムズ	527-0063	滋賀県八日市市大森町XX	0817-96-XXXX	
7	5005	カルタン設計所	カルタンセッケイジョ	521-0311	滋賀県坂田郡伊吹町伊吹XX-XXX	0818-97-XXXX	
8	4003	サーカスPC事業部	サーカスピーシージギョウブ	511-0036	三重県桑名市伊賀町X-X	0733-24-XXXX	
9	1003	静岡電子開発	シズオカデンシカイハツ	506-0805	岐阜県高山市春日町XXX	0445-33-XXXX	
10	5003	システムアスコム	システムアスコム	525-0041	滋賀県草津市青地町XXX-X	0816-95-XXXX	
11							
12				セルE7が選択されている			

　表内でセルE7が選択されていますが、この状態でセルA1に一発で
戻りたい、というケースはよくあると思います。そして、それを実現す
るのが次のショートカットキーです。

Ctrl ＋ Home キー

　すなわち、**セルA1が出発点であり、ホームである**ということです
ね。言うなれば、「セルA1は愛しき我が家」と言ったところでしょう
か。

　もっとも、このショートカットキー自体は簡単に覚えられるのです
が、キーボード上で Home キーがどこにあるのか、一瞬迷うことがあ
ります（私は年中迷います）。
　そんなときには、74ページで紹介した、Ctrl ＋方向キーを活用し
て、前図の場合には、次のように操作するのでも良いと思います。

Ctrl ＋ ← キーでセルA7を選択し、Ctrl ＋ ↑ キーでセルA1を選択
する。

　みなさんは、いずれか自分に合った方法を体に染みこませてくださ
い。

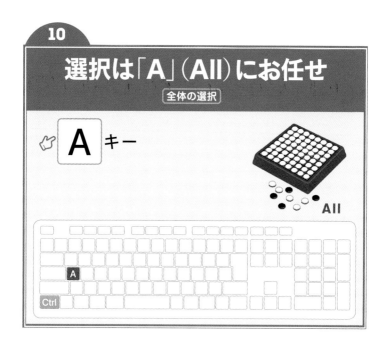

10 選択は「A」（All）にお任せ

全体の選択

A キー

All

A

Ctrl

入力範囲全体を選択する

次の図1を見てください。セルA1：F10に文字が入力されています。

▼図1

ダウンロード 2-10.xlsx

	A	B	C	D	E	F	G
1	コード	顧客名	ヨミガナ	〒	住所1	TEL	
2	3004	井出倉庫	イデソウコ	454-0807	愛知県名古屋市中川区愛知町XX	068-444-XXXX	
3	2005	エプスタイン企画	エプスタインキカク	421-2221	静岡県静岡市中沢XXX	0549-67-XXXX	
4	3002	OA流通センター	オーエーリュウツウセンター	460-0006	愛知県名古屋市中区葵XX-XXX	066-442-XXXX	
5	4004	太田量販店	オオタリョウハンテン	518-0415	三重県名張市富貴ヶ丘2番町XX	0734-25-XXXX	
6	5004	オンラインシステムズ	オンラインシステムズ	527-0063	滋賀県八日市市大森町XX	0817-96-XXXX	
7	5005	カルタン設計所	カルタンセッケイジョ	521-0311	滋賀県坂田郡伊吹町伊吹XX-XXX	0818-97-XXXX	
8	4003	サーカスPC事業部	サーカスピーシージギョウブ	511-0036	三重県桑名市伊賀町X-X	0733-24-XXXX	
9	1003	静岡電子開発	シズオカデンシカイハツ	506-0835	岐阜県高山市春日町XXX	0445-33-XXXX	
10	5003	システムアスコム	システムアスコム	525-0041	滋賀県草津市青地町XXX-X	0816-95-XXXX	
11							
12							

　そして、このセルA1：F10を C キーでコピーして、 V キーで別の
場所に貼り付けるといった作業は、Excelを使っていれば頻繁に発生
します。しかし、そのためには、まずセルA1：F10を選択しなければ
なりません。

　では、みなさんは、どのようにしてセルA1：F10を選択しますか。

　まず、この程度の大きさの表でしたら、別にマウスでドラッグして
選択してもかまわないと思います。

　ただし、私でしたらマウスは使いません。このとき私の頭に浮かぶ
のは A キーです。

　すなわち、**セルA1：F10の中のいずれかのセルを1つ選択して、**
Ctrl ＋ A **キー**を押します。

　ここで大切なのは、選択するセルはセルA1である必要はないとい
うことです。セルB3でもセルE8でもかまいません。

　すると、次の図2のように、セルA1：F10が一気に選択できます。

▼図2

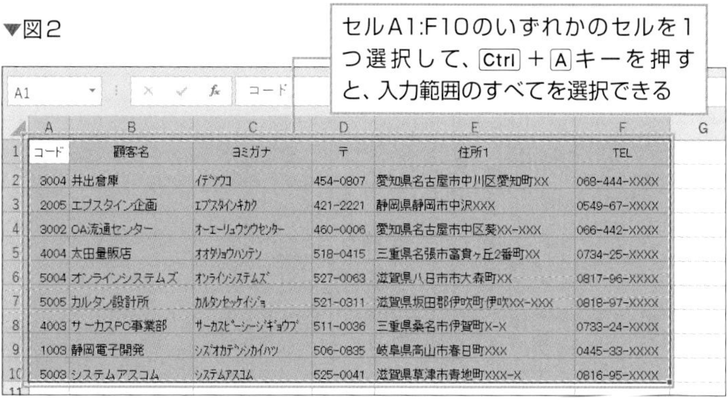

> セルA1:F10のいずれかのセルを1
> つ選択して、 Ctrl ＋ A キーを押す
> と、入力範囲のすべてを選択できる

	A	B	C	D	E	F	G
	A1		▼	：	×	✓	ƒx	コード	
1	コード	顧客名	ヨミガナ	〒	住所1	TEL	
2	3004	井出倉庫	イデソウコ	454-0807	愛知県名古屋市中川区愛知町XX	068-444-XXXX	
3	2005	エプスタイン企画	エプスタインキカク	421-2221	静岡県静岡市中沢XXX	0549-67-XXXX	
4	3002	OA流通センター	オーエーリュウツウセンター	460-0006	愛知県名古屋市中区葵XX-XXX	066-442-XXXX	
5	4004	太田量販店	オオタリョウハンテン	518-0415	三重県名張市富貴ヶ丘2番町XX	0734-25-XXXX	
6	5004	オンラインシステムズ	オンラインシステムズ	527-0063	滋賀県八日市市大森町XX	0817-96-XXXX	
7	5005	カルタン設計所	カルタンセッケイショ	521-0311	滋賀県坂田郡伊吹町伊吹XX-XXX	0818-97-XXXX	
8	4003	サーカスPC事業部	サーカスピーシージギョウブ	511-0036	三重県桑名市伊賀町XX-X	0733-24-XXXX	
9	1003	静電電子開発	シズオカデンシカイハツ	506-0835	岐阜県高山市春日町XXX	0445-33-XXXX	
10	5003	システムアスコム	システムアスコム	525-0041	滋賀県草津市青地町XXX-X	0816-95-XXXX	
11							

この Ctrl + A キーは、表が大きくなればなるほど威力を発揮します。たとえば、セル範囲がA1：H1000だったらどうでしょう。さすがにマウスのドラッグで選択するのは骨が折れますよね。

　しかし、セルA1：H1000の中のいずれかのセルを選択して Ctrl + A キーを押せば、一発でセルA1：H1000が選択できます。

　すなわち、こういうことです。

入力範囲の「すべて」を選択したいときには、入力範囲のいずれかのセルを１つ選択し、Ctrl + A キーを押す。

　この「A」は、「**All**」の頭文字ですから、忘れてしまう心配もなさそうですね。

ワークシート全体を選択する

　さらに補足しますと、

データが入力されていないセルを選択して Ctrl + A キーを押せば、ワークシートのすべてのセルが選択できます。

　もしくは、データが入力されているセルが選択されていても、Ctrl + A キーを2回押せば、ワークシートのすべてのセルが選択されます。

データが入力されていないセルを選択
して Ctrl + A キーを押すと、ワーク
シートのすべてのセルが選択できる

▼図3

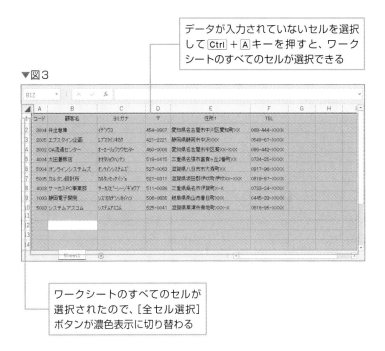

ワークシートのすべてのセルが
選択されたので、[全セル選択]
ボタンが濃色表示に切り替わる

　また、ワークシートにデータが1件もない状態で Ctrl + A キーを
押しても全セルが選択できますので、今後は [全セル選択] ボタンを
マウスでクリックする必要はなさそうですね。

[検索と置換] ダイアログボックスの [検索] タブを表示する

　のっけから結論を言ってしまいますが、ワークシートの大量のデータの中から「ある文字列」を検索するときのショートカットキーは F キーです。

検索のショートカットキーは、Ctrl + F キー。

　この「F」は、**「Find」**の「F」ですので、暗記も簡単だと思います。
　と、これだけの解説では「お金を返せ」と言われそうなので、ここでは検索のテクニックをご紹介します。

　次の図1ではすべて表示されていませんが、氏名が100件入力されており、セル A90 に「大村」と入力されているとします。

▼図1　　　　　　　　　　　　　　　　　　　　　　ダウンロード 2-11.xlsx

この状態で Ctrl + F キーを押すと、図2のような[検索と置換]ダイアログボックスが表示されますので、[検索する文字列]ボックスに「大村」と入力します。

▼図2

さて、問題はここからです。

ここで、[次を検索]ボタンをよく見てください。この[次を検索]ボタンは目立つように枠が太くなっています。また、その枠線に色もついていますが、この色はユーザーの使う環境によって違います。

しかし、一目で［次を検索］ボタンが特別なボタンだということは
わかります。

　142ページの解説と重複しますが、この「特別なボタン」のことを本
書では**決定ボタン**と呼びます。そして、この決定ボタンはクリックす
る必要はありません。

　そもそも、せっかくショートカットキーでダイアログボックスを表
示したのに、ここでマウスを使うようでは、なんのためのショート
カットキーなのかわかりません。

　このケースでは、Enter キーを押せば、決定ボタン、すなわち［次
を検索］ボタンをクリックしたことになります。

　そして、実際に Enter キーを押すと、「大村」と入力されたセル
A90が選択されます。

▼図3

Enter キーを押すと、「大村」
と入力されたセルが選択される

ワイルドカード文字（*）を検索する

　検索のテクニックとして、「ワイルドカード文字」をご存じの
人も多いと思います。

　これはExcelに限った話ではないのですが、たとえば次のよ
うに検索すれば、拡張子が「xlsx」のファイルがすべて検索でき
ます。

*.xlsx

　これは、Excelのワークシートでも、また、Windowsの「検
索」機能でも同様ですが、もし、Excelのワークシートでディス
ク内のファイル名を管理しているようなときにはとても重宝し
ます。

　この「*」は、「すべての文字列を検索する」という意味で、「ワ
イルドカード文字」と呼ばれます。

　しかし、Excelブックの場合は、拡張子が「xlsm」のものも
あります。したがって、「*.xlsx」と検索しても、すべてのExcel
ブックを検索できるとは限りません。

　このような場合には、拡張子の4文字目はなんでもいいわけ
ですから、次のように検索すれば、すべてのExcelブックが検
索できます。

.xls

　すなわち、4文字目も「*」で検索するわけです。これで、4文

字目が「x」でも「m」でも、検索の対象となります。

　また、このように「1文字だけ」をワイルドカード検索したい場合には、「*」ではなく次のように「?」を使ったほうが良いという人もいます。

*.xls?

　ただ、私見ですが、私は「?」というワイルドカード文字のテクニックは知らなくてもいいと思っています。むしろ、混乱するだけだと思うからです。

　ですから、次のように覚えることを推奨します。

**　すべての文字を検索するワイルドカード文字は「*」。**

　それよりも、かなり多くの人の頭を悩ます問題があります。

　それは、「(*)、という文字列はどのように検索したらいいのか」です。

　次の図1を見てください。

▼図1

ダウンロード 2-11.xlsx

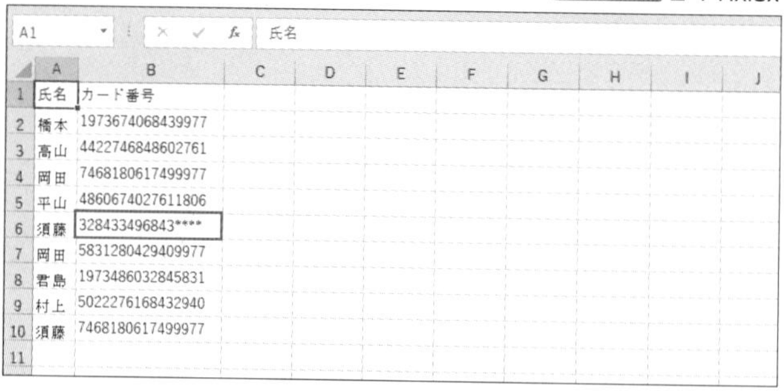

　セルB6だけカード番号を「*」で隠していますが、この「*」という文字、すなわちセルB6はどのように検索したらよいのでしょうか。

　この場合には、Ctrl + F キーで［検索と置換］ダイアログボックスを表示したら、次の図2のように［検索する文字列］に「~*」と入力して検索します。

▼図2

> 「~*」と検索することで、「*」を
> 含むセルB6が検索された。

　このように、「*」の前に「~」を指定することによって、「*」はワイルドカード文字ではなくなり、「（*）という文字列を検索する」という意味になります。

　ちなみに、「*」のことは「アスタリスク」と呼び、これはテンキーか、 Shift キーを押しながら : キーを押せば入力できます。

　一方、「~」のことは「チルダ」と呼び、これは半角モードで Shift キーを押しながらキーボード上部の ^ キーを押せば入力できます。

[検索と置換] ダイアログボックスの [置換] タブを表示する

　冒頭申し上げますが、これは私の人格にかかわる大切な問題ですので、誤解のないように私見を述べさせてください。

　満員電車の中で多発する「痴漢」。これは当然ですが、れっきとした犯罪です。弱者を狙うという点において、もっとも唾棄すべき姑息な行為ですし、被害者が心の傷を負って、その先の人生で苦しむ可能性も考慮すると、もっと厳罰化するべきとさえ思っています。

　そして、多くの人が私と同じ思いだからでしょうか。

　インターネットで次のようなニュースを読んだことがあります。

「置換コマンドは、不適切な名称。Excelユーザーがネット上で名称変更の署名活動を開始」

　ちなみに、こうした抗議をする人は、「置換＝ちかん＝痴漢」と結び
つけているのは明白で、逆に「置換という言葉に過敏になるのはいか
がなものか……」という意見もありますが、教育現場では置換と言わ
ずに「置き換え」と発音する教師もいるそうです。

　それよりも、私は前述のニュースを読んだときに、「いや、むしろ、
ショートカットキーのほうが問題なのでは？」と思ってしまいました。
　冒頭、申し上げたとおり、痴漢は犯罪です。「エッチ」で済まされる
話ではありません。
　ところが、「エッチ」キー、すなわち Ctrl ＋ H キーを押すと、次の
図1の［検索と置換］ダイアログボックスが表示されます。

▼図1

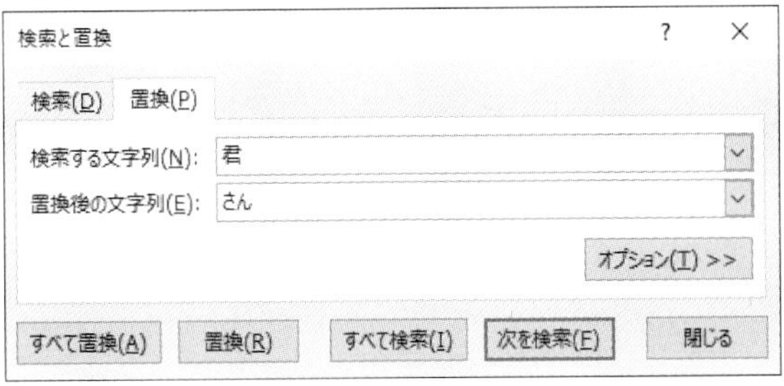

検索と置換			?	×
検索(D)　置換(P)				
検索する文字列(N):	君			∨
置換後の文字列(E):	さん			∨
			オプション(T) >>	
すべて置換(A)　置換(R)	すべて検索(I)　次を検索(F)			閉じる

　つまり、H キーで置換ができてしまうのです。
　となりますと、次のように覚えるしかなさそうに思います。

置換は「H」（エッチ）。

ちょっと不謹慎な気もしないではありませんが、これで置換の
ショートカットキーは忘れたくても忘れられなくなるでしょう。

　ちなみに、置換するときには、必ず前ページの図1のように「置換
前（検索する文字列）」と「置換後（置換後の文字列)」の文字列を入
力します。すなわち、キーボードを使うわけです。

　ですから、Ctrl + H キーは、ずっとキーボードの上に手を置いたま
ま作業ができるという点で、相当な優れモノのショートカットキーで
す。マウスを使うのがバカらしくなるショートカットキーの代表格と
言ってもいいでしょう。

　とは言っても、Excelの起動後、はじめて［検索と置換］ダイアログ
ボックスを表示したときには、上の［検索する文字列］ボックスに
カーソルがありますが、ここで「置換前」の文字列を入力したら、つい
マウスに手を伸ばして、下の［置換後の文字列］ボックスをクリック
する人がいます。

　しかし、これではせっかくの H キーの効果も半減です。

　そこで、「置換前」の文字列を入力したら Tab キーを押してくださ
い。これで、カーソルは下の［置換後の文字列］ボックスに移動しま
す。

　また、2回目以降は、下の［置換後の文字列］ボックスにカーソルが
ある状態で［検索と置換］ダイアログボックスが開きますので、ます
ますマウスを使いたくなるところですが、ここではその気持ちを抑え
て Shift + Tab キーを押してください。

これで、カーソルは上の［検索する文字列］ボックスに移動します。

最後に、5つあるボタンのいずれかを選択するわけですが、ここでついにマウスに手を伸ばしてしまう人がほとんどです。しかし、138ページで紹介している**アクセスキー**を使えば、やはりマウスは不要です。ボタンをクリックする必要はありません。

もっとも、アクセスキーを覚えるまでは「マウスでクリック」でも良いでしょう。

蛇足ですが、次のように主張する人もいるかもしれません（実は、私です）。

［形式を選択して貼り付け］コマンドのほうがエッチな気がする！

しかし、Ctrl + H キーを押しても、形式を選択して貼り付けることはできません。私がこの目で確認しました。

こればかりは妄想でとどめておいてください。もっともこんな妄想をするのは私だけかもしれませんが……。

置換コマンドで
スペースを削除する

　たとえば、名簿データを名字と名前の間にスペースを入れて作成したものの、あとから、このスペースを削除したい、といったケースを想定してみましょう。

　当然ですが、1件1件スペースを削除するのは非効率です。そして、こんなときには置換コマンドが役に立ちます。

　次の図は、[Ctrl]＋[H]キーで［検索と置換］ダイアログボックスを表示した状態ですが、最初にA列の氏名に注目してください。名字と名前の間にスペースがありますが、半角のスペースと全角のスペースが混在してしまっています。

▼［検索］と置換ダイアログボックス　　　　ダウンロード 2-12.xlsx

名字と名前の間のスペースには、半角と全角がある

［検索する文字列］ボックスには、半角でも全角でもいいのでスペースを入力する

［置換後の文字列］ボックスにはなにも入力しない

　しかし、そんなことはおかまいなしに、[検索する文字列]
ボックスには、半角でも全角でもいいのでスペースを入力して
ください。
　そして、[置換後の文字列] ボックスにはなにも入力せずに
[すべて置換] ボタンをクリックすると、次の図のように名字と
名前の間のスペースは、半角、全角ともにすべて削除されます。

▼半角、全角スペースともにすべて削除された

置換コマンドで、
セル内改行をなくす

146ページで解説しますが、Excelでは、次の図のようにセル内で改行することができます。

▼セル内で改行　　　　　　　　　　　　**ダウンロード** 2-12.xlsx

セルB2がセル内で改行している

　そして、このセル内改行をなくすときには次のように操作します。

❶ Ctrl + H キーで、[検索と置換] ダイアログボックスを表示する。
❷ [検索する文字列] ボックスをクリックして、Ctrl + J キーを押す（ボックス内にはなにも表示されませんが、気にする必要はありません）。

❸ [置換後の文字列] にはなにも入力せずに [すべて置換] ボタ
ンをクリックする。

以上の操作で、図のようにセル内の改行がなくなります。

▼セル内の改行がなくなった

　なお、ここでは「マウスのクリック」で操作方法を解説しまし
たが、138ページで「アクセスキー」というテクニックを学ぶ
と、❷と❸の操作もキーボードだけで可能になります。

13

行や列を □ で引き算

行・列の削除

☞ **－** キー

セル・行・列を削除する

個人的には、あるセルだけを削除する、というケースは少ないように
思いますが、行や列をそっくり削除する機会は比較的多いと感じます。

であるならば、やはりショートカットキーで削除できたほうが便利
ですよね。

この、セル・行・列の削除のショートカットキーはとても覚えやす
く、削除というのは「減らすこと」、すなわち「引き算」ですので、□
キーで削除できます。

すなわち、こういうことです。

セル・行・列を削除するショートカットキーは、Ctrl ＋ □ キー。

この □ キーはテンキーでもOKですが、そもそも、**「ショートカットキーを使うときにはテンキーは使わない」が定石です。**

「使わない」というより、「使えない」と言ったほうが正確で、試しに Ctrl キーを押しながらテンキーの「0」から「9」までのキーを押してみてください。なに1つショートカットキーが実行できません。

ですから、今回のケースでも、キーボード上部の「0」の右隣の □ キーを使う習慣を身に付けることをお勧めします。

［削除］ダイアログボックスを表示する

また、**セルを選択した状態で、Ctrl + □ キーを押すと、［削除］ダイアログボックスが表示されます。**

次の図1は、表の中でセルC7が選択されている状態で、7行目を削除するために Ctrl + □ キーを押した直後のものです。

▼図1　　　　　　　　　　　　　　　　　　　ダウンロード 2-13.xlsx

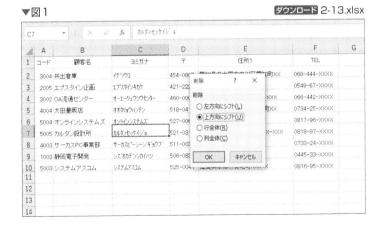

ここでは行全体を削除しますので、[削除]ダイアログボックスでは
⬇︎キーで[行全体]を選択して、[Enter]キーを押してください。そう
すると、画面の[OK]ボタンが押されます。

　なお、セル・行・列の「削除」を覚えたら、あわせて、セル・行・列
の「挿入」を覚えたいという人も少なくないと思います。そのような
人は、ここで128ページに飛んで、セル・行・列の「挿入」も一緒にマ
スターしてください。

Column

新規ブックを開くショートカットキー

　Excel2007以降のExcelには、クイックアクセスツール
バーに[新規作成]ボタンがありません。これを不便だと感じ、
クイックアクセスツールバーに[新規作成]ボタンを置いてお
きたいという人は、[ファイル]-[オプション]コマンドを実
行し、次図のように操作してください。

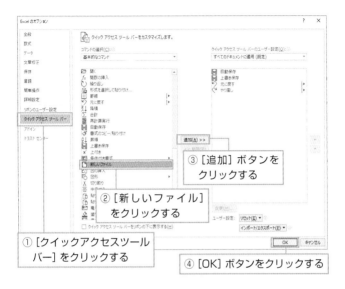

① [クイックアクセスツール
バー] をクリックする

② [新しいファイル]
をクリックする

③ [追加] ボタンを
クリックする

④ [OK] ボタンをクリックする

　以上の作業で、次回からはクイックアクセスツールバーで
ブックの新規作成ができるようになります。と、紹介しておい
てなんですが、私はこの方法は使っていません。

　なぜなら、新規ブックを開きたいときには Ctrl + N キーを押
せばいいからです。

　このショートカットキーの N ですが、みなさんご推察のとお
り「New」の頭文字です。

　クイックアクセスツールバーをカスタマイズするか、
Ctrl + N キーのショートカットキーを利用するかは各個人の判
断ですが、ブックを新規作成するたびに [ファイル] コマンドを
使用するのは私はお勧めできません。

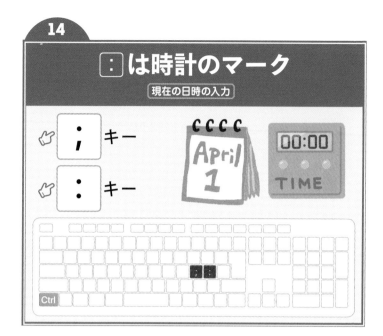

現在の日付と時刻を入力する

　Excelを使っていると、当然ですが「今日の日付」や「現在の時刻」を入力するケースがあります。たとえば、議事録を取る場合などですね。

　ちなみに、「パソコンの画面で日時はわかるから、仕事中はカレンダーも時計も見ない」という人は多数います。なにを隠そう、私もその一人です。

▼図1

　もちろん、このこと自体は悪癖ではないのですが、Excelで日時を入力するときにもこの習慣が顔をのぞかすようなら、それは「悪癖」かもしれません。

　なぜなら、Excelなら、Ctrl ＋ : キーを押すだけで、**今日の日付が入力できるからです。**

　同様に、Ctrl ＋ : キーを押せば、**現在の時刻が入力できます。**

　試しに、この2つのショートカットキーで「今日の日付」と「現在の時刻」を入力してみてください。いかがですか。思わず笑みがこぼれるほど簡単ですよね。

　日付や時刻となると、多くの解説書でTODAY関数やNOW関数などが紹介されており、まるでこれらの関数を知らないと「Excelユーザー失格」の烙印を押されそうな雰囲気に満ちていますがご安心ください。
　私はこの20年、よほど特殊なケースを除いてこの2つの関数を使った記憶がないのに、なに不自由なくExcelをほぼ毎日使っています。

　また、この2つのショートカットキーを紹介すると、「どちらが日付で、どちらが時刻か忘れてしまいそう」と不安になる人もいると思います。

もっとも、時刻は通常「10：45」のように表記されるので、⁚キー
が「時刻」というのは見慣れている分まだいいのですが、⁚キーから
「日付」を想像するのは困難ですよね。

　そこで、このように覚えてみてはいかがでしょうか。
　キーボードの配列で、左側にある⁚キーが「日付」、右側にある⁚
キーが「時刻」。
　すなわち、

「ひ」だり、が、「ひ」づけ

となれば、その横の⁚キーは「時刻」とすぐに連想ができるでしょう。
　もしくは、「時刻のショートカットキーは忘れない」というのであれ
ば、次のように覚えるのも絶対に忘れない方法ですね。

時刻の「ひ」だり、が、「ひ」づけ

　もっとも、仮に忘れてしまったところで、2つのキーのいずれかが目
的のショートカットキーなわけですから、両方試せばいいだけの話で
す。それでも、手入力よりははるかにラクになります。

1900年2月29日なんてあるの？

日付や時刻のショートカットキーを紹介したところで、Excelのあまりに不可解なバグ（もしくは仕様）のお話をします。

多くの人が「うるう年は4年おき」だと思っていますがこれは間違いです。

うるう年は、厳密には次の条件で求められる年のことです。

①4で割り切れる年はうるう年である
②4で割り切れても、100で割り切れたらうるう年ではない
③100で割り切れても、400で割り切れたらうるう年である

2020年がうるう年なのは①の条件を満たしているからです。しかし、2000年がうるう年だったのは、①ではなく③の条件を満たしていたからです。

ということは、②の条件を満たしてしまう1900年はうるう年ではありません。

ところが、Excelで「1900/2/29」と入力すると、なんと日付と認識されてしまうのです。

ご存知の人も多いと思いますが、Excelは内部的に日付を「シリアル値」という数値で管理しており、このシリアル値は、1900年1月1日から「1」で始まります。

そして、「1900／2／29」と入力したセルの表示形式を[Ctrl]＋[1]キーで開く［セルの書式設定］ダイアログボックスで「標準」にしてみると、Excelはこの存在しない日付に「60」というシリアル値を割り当てていることがわかります。

これは、Excelの「バグ説」と、ロータス1－2－3に1900年2月29日が存在していたため、それに仕様を合わせざるを得なかったという「仕様説」があります。

さて、真相やいかに。

15

XYZ。もうあとがない！

直前の操作を元に戻す

☞ **Z** キー

助けて！

Ctrl Z

直前の操作もしくはコマンドを元に戻す

　もう30年ほど前の話ですが、「もう、あとがない！　助けて！」という人は、新宿駅の伝言板に「XYZ」（アルファベットで、これ以上あとがない）と書き込めば、伝説のスイーパーが助けてくれるという噂を聞いたことがあります。……というのはもちろん冗談で、これはとあるコミックの話です。

　ところが、このコミックではありませんが、Excelを使っていると、「もう、あとがない！　助けて！」という気分になることがあります。

　それは、Excelでやってはいけない操作をしてしまったときです。より具体的には、必要なデータやそれに付随するものを削除してしまったときなどがそうでしょう。

　データが入力されているセルを不注意で行ごと削除してしまった

り、他人が苦労して作った埋め込みグラフをうっかり削除してしまったり。こんな事態になったら、それこそ「助けて！」と伝言板に「XYZ」と書き込みたくなるところです。

ただ、Excelは本当に優れたソフトです。「XYZ」と書く伝言板がなくても、こんな状況に陥ったあなたを助けてくれます。

Excelには、**元に戻す**という機能があります。それは、ある操作をする前の状態に戻してくれる機能です。

仮に、データが入力されているセルを行ごと削除してしまったら、「元に戻す」機能で行を削除する前の状態に戻せます。うっかり埋め込みグラフを消してしまっても、同様に「元に戻す」機能で埋め込みグラフを消す前の状態に戻せます。

これはほんの一例で、**Excelのほぼすべての操作は「元に戻せます」**。

ちなみに、元に戻せない代表的な例外としては、次の2つが挙げられます。

Ⓐ ブックの上書き保存 ➡ 保存する前の状態には戻せません。
Ⓑ ワークシートの削除 ➡ 削除したワークシートを復活させることはできません。

この「元に戻す」機能は、なぜか、Excelのコマンドの中でも特別扱いされていて、Excelの上部にボタンが用意されています。

▼図1

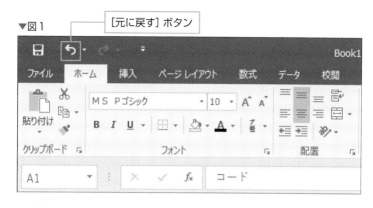

[元に戻す] ボタン

操作を元に戻すときには、このボタンをクリックすればいいのです。

ただ、Excelの場合は、「手を休めるときには上書き保存」が基本なので、画面上部に［上書き保存］ボタンが用意されているのはわかりますが、年がら年中、実行した操作を元に戻すとはとても思えないのに、こうして画面上部に［元に戻す］ボタンが用意されているのは、誤って必要なデータを削除してしまったユーザーがパニックにならないようにという配慮なのではないかと個人的に推測しています。

ところが、Excelのせっかくの気使いではありますが、このボタンを使う必要はまったくありません。少なくとも私はただの一度も使ったことがありません。

「取り返しのつかないことをしてしまった」「あとのない、XYZに匹敵することをしてしまった」と思ったら、あとのない「Z」でそのミスに対抗しましょう。

すなわち、Excelの元に戻すコマンドを実行したいときには、次のショートカットキーを押してください。

Ctrl + Z キー

　試しに、Excelで行を削除する操作をしてみてください。そうしたら、Ctrl + Z キーを押してください。すると、削除した行が復活して、ワークシートはその操作をする前の状態に戻ります。

　いかがですか？　この「元に戻す」は、Z キーを覚えることで「罫線が邪魔だから消してみよう」「セルのコメントは不要だから削除してみよう」という、失敗したら取り返すのがとても面倒そうなことでも、どんどんトライすることができます。「やっぱり必要だった」と思ったら、Ctrl + Z キーを押せば元通りだからです。

　しかも、元に戻せる回数は、Excelのバージョンによって異なりますが、どんなにバージョンの古いExcelでも16回、元に戻せます。すなわち、必要な行を16行削除してしまっても、Ctrl + Z キーを16回押せば、完全に元通りです。

　もっとも、16回も Ctrl + Z キーを押さなければならないような作業の進め方は、さすがにいかがなものかと思いますが。

あとがない Z の状態に陥ったら Z キー。

　このように覚えてはいかがでしょうか。

16

ワークシートはUp/Downでめくる

左/右方向にワークシートを表示

👆 | Page Up | キー

👆 | Page Down | キー

左/右方向にワークシートを表示する

データ量にもよりますが、ワークシートは印刷すれば1枚の紙、「1ページ」と言っても、それほどの違和感はないと思います。

実際に、「本」は「ページ」が集まってできていますが、Excelでも「ワークシート」が集まれば「ブック」になります。

そこで、まずは次のように覚えてください。

ワークシートは「ページ」である。

であるならば当然、本のページをめくるように、ワークシートもめくりたいですよね。

ちなみに、この場合の「めくる」とは、表示されているワークシート

（この、作業対象になっているワークシートを「アクティブシート」と言います）を「切り替える」という意味です。

そして、ワークシートは「ページ」ですから、「めくる」ためのショートカットキーもきちんと用意されています。

ここで、キーボードを俯瞰して見てください。 Page Up キーと Page Down キーがありますね。

となりますと、Excelでページをめくるときには、この2つのキーを使うのはどうやら間違いなさそうです。

ちなみに、本は上から下に向けて（Down方向に）ページをめくります。

そして、ワークシートは左から右に向けて並んでいます。すなわち、左から右に向けてページをめくるのが「Down方向」ということになります。

ここまでの説明でおわかりですね。

Ctrl ＋ Page Down キー

を押せば、**アクティブシートの1枚右のワークシートを表示します。**

次のページの図1〜図4は、 Ctrl ＋ Page Down キーを押すたびに、1枚右のワークシートが次々に表示されていく様子を表したものです。

▼図1

コード	顧客名	ヨミガナ	〒	住所1	TEL
3004	井出倉庫	イデソウコ	454-0807	愛知県名古屋市中川区愛知町XX	068-444-XXXX
2005	エプスタイン企画	エプスタインキカク	421-2221	静岡県静岡市中沢XXX	0549-67-XXXX
3002	OA流通センター	オーエーリュウツウセンター	460-0006	愛知県名古屋市中区葵XX-XXX	066-442-XXXX
4004	太田量販店	オオタリョウハンテン	518-0415	三重県名張市富貴ヶ丘2番町XX	0734-25-XXXX
5004	オンラインシステムズ	オンラインシステムズ	527-0063	滋賀県八日市市大森町XX	0817-96-XXXX
5005	カルタン設計所	カルタンセッケイジョ	521-0311	滋賀県坂田郡伊吹町伊吹XX-XXX	0818-97-XXXX
4003	サーカスPC事業部	サーカスピーシージギョウブ	511-0036	三重県桑名市伊賀町X-X	0733-24-XXXX
1003	静岡電子開発	シズオカデンシカイハツ	506-0835	岐阜県高山市春日町XXX	0445-33-XXXX
5003	システムアスコム	システムアスコム	525-0041	滋賀県草津市青地町XXX-X	0816-95-XXXX

▼図2

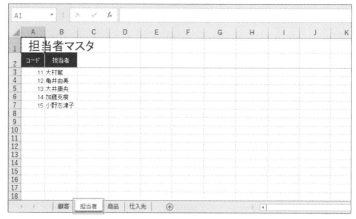

コード	担当者
11	大村篤
12	亀井由美
13	大井康央
14	加藤克樹
15	小野志津子

▼図3

▼図4

逆に、左方向にワークシートを次々に表示する場合は、本のページを下から上に向かって（Up方向に）めくるのと同じですから、`Page Down`キーとは逆方向の次のショートカットキーになります。

`Ctrl` ＋ `Page Up` キー

　以上が、ワークシートの表示を切り替えるショートカットキーですが、これはワークシートの枚数が多い場合に、「あれ？　あの表はどのワークシートに作ったっけ？」というときにとても重宝します。

　一方で、ワークシート絡みのショートカットキーで、「ワークシートを挿入するショートカットキー」がよく紹介されますが、本書ではあえて紹介しません。
　「本当に便利なものだけを覚える」が本書のコンセプトですし、1日に何度もワークシートを挿入するとは思えませんので、ショートカットキーを覚えても時間短縮にもストレス軽減にもならないと考えるからです。

中級編

3章

Ctrl + Shift の組み合わせで大幅効率UP！

　Ctrl キーと組み合わせて使うショートカットキーと比較すると数は少ないのですが、Ctrl + Shift キーを基本のキーとするショートカットキーの中にも有用なものがいくつかあります。本章では、そうしたショートカットキーを紹介します。

　そして、なによりも本章の最大の目玉は「配列数式」です。あまり馴染みがない人もいるかもしれませんが、一度覚えるとより一層Excelが便利になります。この配列数式も、Ctrl + Shift キーを基本のキーとして入力します。

　使えるショートカットキーの数を増やすのも大切ですが、本章で配列数式を学習して、さらに一段スキルアップしてください。

01

グループでさらに実力アップ！

配列数式の入力

☞ Enter キー

配列数式（グループ数式）を入力する

ここでのテーマは、**配列数式**です。と言っても、使ったことがない人や、配列数式という言葉自体を初めて聞く人もいるかもしれません。そこで、まずは「配列数式とはなにか？」について解説します。次の図1を見てください。

▼図1　　　　　　　　　　　　　　　　　　　　ダウンロード 3-01.xlsx

E5	▼	:	× ✓	f_x	=SUM(E2:E4)		
◢	A	B	C	D	E	F	G
1	支店	単価	個数	回数	売上金額		
2	A	10	50	3	1500 ❶		
3	B	20	40	1	800 ❷		
4	C	30	60	2	3600		
5				売上合計	5900 ❸		
6							

118

　この表では、次の数式で、各支店の売上金額を求めてE列に入力しています。

❶セルE2：「=B2*C2*D2」
❷セルE3：「=B3*C3*D3」
❸セルE4：「=B4*C4*D4」

　そして、3つの支店の売上合計をセルE5に「=SUM（E2：E4）」の数式で求めています。

　もちろん各支店の売上金額を知りたかったら、必然的にこのような表になります。

　では、この表で、各支店の売上金額は不要なので、3つの支店の売上合計だけを求めたいとします。その場合には、セルE2：E4で集計された各支店の売上金額はまったく不要なデータということになります。

　そして、このようなケースで重宝するのが配列数式です。なにかとても難しいテクニックのように感じる人もいると思いますが、決して難しくありません。ただ、「配列」という言葉が、このテクニックを難解なものに感じさせているのは事実でしょう。

　ですから、今後は「配列数式」ではなく、「グループ数式」と呼ぶことにします。

それを前提に、もう一度、前述の❶〜❸の数式を、今度は縦方向に見てみましょう。すると、次のようなグループから成り立っていることがわかります。

　私たちは普段「=B2*C2*D2」のように、この図で言えば、横方向に数式を作りますが、こうして縦方向に見れば、セルB2からセルD4までの9つのセルの掛け算の合計は、次のように求められることに気付きます。

グループ１×グループ２×グループ３＝３つの支店の売上合計

　これがグループ数式です。つまり、計算用のセルを使うことなく、**複数のデータを１つの数式で一気に計算するテクニック**なのです。

　では、それを踏まえて、次の図2を見てください。
　今度は、各支店の売上金額は算出せずに、セルD5に直接、売上合計を求めています。

▼図2　　　　　　　　　　　　　　　　ダウンロード 3-01.xlsx

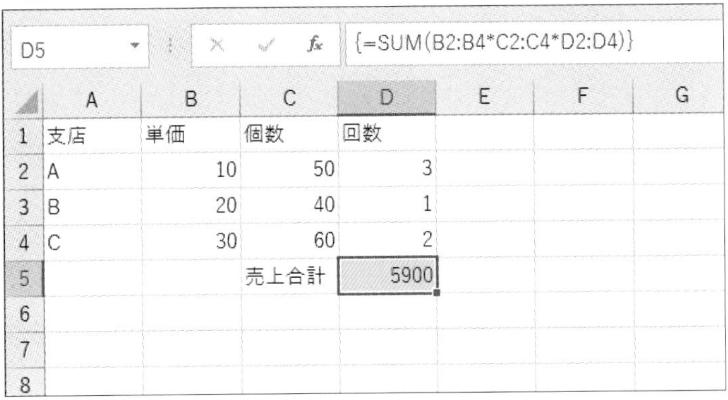

D5			fx	{=SUM(B2:B4*C2:C4*D2:D4)}		
◢	A	B	C	D	E	F	G
1	支店	単価	個数	回数			
2	A	10	50	3			
3	B	20	40	1			
4	C	30	60	2			
5			売上合計	5900			
6							
7							
8							

　なぜこのようなことができるのか、その秘訣は数式バーを見るとわかりますが、B列、C列、D列と3つのグループに分けて、「グループ1×グループ2×グループ3」と計算しているからです。

　では、このグループ数式は、どのように入力したらよいのでしょう。ちなみに、数式バーには次のように入力されていて、なにやらとても難しそうですね。

{=SUM（B2：B4*C2：C4*D2：D4）}

　しかし、そんなことはありません。このケースでは、次のようにグループ数式を入力しています。

❶売上合計を求めるセルD5を選択する。

❷通常の数式と同じように、「=SUM(B2：B4*C2：C4*D2：D4)」
と入力する。

❸最後に、Ctrl + Shift + Enter キーで確定する。

これでグループ数式が入力できます。

このとき、数式の冒頭と末尾の「{}」は自動的に付加されますので、
この「{}」を手入力する必要はありません。

いかがでしょうか。

Ctrl + Shift キーを「基本となるキー」にすると、こんなテクニッ
クまで利用できるようになるのです。

「表計算ソフト」の名付け親は誰？

　Wordのようなワードプロセッサーは、日本語では元のことばを省略して「ワープロ」と呼ばれます。

　そして、Accessのようなデータベースは、日本語でもそのまま「データベース」です。無理やり和訳して「情報基地」と呼ぶ人はいません。

　では、Excelのような「表計算ソフト」は、英語でなんと呼ばれているのでしょうか。

　「表＝テーブル」、「計算＝カルキュレイション」で、「テーブルカルキュレイション」などと思ったら大間違い。表計算ソフトは英語圏では「スプレッドシート」、すなわち「集計用紙」と呼ばれています。

　となると、ここで1つ疑問が生じます。それは、なぜ「スプレッドシート」でも「集計用紙」でもなく、「表計算」という日本語名が定着したのかです。

　この点に関しては、最初に「表計算」というドンぴしゃりの用語を思い付いたのが誰か、その個人までは私は知りません。しかし、その用語を初めておおやけに使ったのは日経BP社（当時の日経マグロウヒル社）の『日経パソコン』という雑誌でした。

　蛇足ですが、『日経パソコン』では特集から連載まで、数年間本当にお世話になりました。隔週誌でしたので、すぐに締め切りが来てしまい、正直死ぬ思いでした。

　さて、1983年の創刊号を見ると、すでに「表計算簡易言語」という用語が登場しています。

　その後、日経パソコンの編集者が「簡易言語」よりも「ソフト」のほうがしっくり来ると思ったのか、「表計算ソフト」という用語を使い始め、それが浸透して今に至ります。

　いずれにしても、「表計算ソフト」という呼称はあくまでも日本独自のもので、海外ではまったく通用しません。

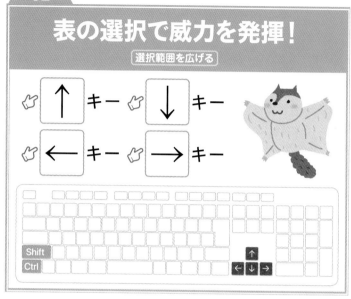

データが入力された行や列全体を選択する

　みなさんは、本書を順番通りに読んでいますか？　それとも、リファレンス本のように気になったトピックを拾い読みしていますか？

　もちろん、読み方はみなさんの自由なのですが、本節を読む前には、必ず74ページの「方向キーで瞬間移動！」を読んでください。本節は、74ページのテクニックを応用したものですので、74ページのテクニックを理解していることが前提となります。

　さて、Ctrl ＋方向キーで、「表の上下左右の先頭末尾のセルを選択する」テクニックについては大丈夫でしょうか？

　それでは、そのテクニックを元に話を進めます。

　「方向キーで瞬間移動！」の最後に、私はこんな図を提示しました（図1）。

▼図1　　　　　　　　　　　　　　　　　　　　　　　ダウンロード 3-02.xlsx

	A	B	C	D	E	F	G
1	コード	顧客名	ヨミガナ	〒	住所1	TEL	
2	3004	井出倉庫	イデソウコ	454-0807	愛知県名古屋市中川区愛知町XX	068-444-XXXX	
3	2005	エプスタイン企画	エプスタインキカク	421-2221	静岡県静岡市中沢XXX	0549-67-XXXX	
4	3002	OA流通センター	オーエーリュウツウセンター	460-0006	愛知県名古屋市中区葵XX-XXX	066-442-XXXX	
5	4004	太田量販店	オオタリョウハンテン	518-0415	三重県名張市富貴ヶ丘2番町XX	0734-25-XXXX	
6	5004	オンラインシステムズ	オンラインシステムズ	527-0063	滋賀県八日市市大森町XX	0817-96-XXXX	
7	5005	カルタン設計所	カルタンセッケイジョ	521-0311	滋賀県坂田郡伊吹町伊吹XX-XXX	0818-97-XXXX	
8	4003	サーカスPC事業部	サーカスピーシージギョウブ	511-0036	三重県桑名市伊賀町X-X	0733-24-XXXX	
9	1003	静岡電子開発	シズオカデンシカイハツ	506-0835	岐阜県高山市春日町XXX	0445-33-XXXX	
10	5009	システムアスコム	システムアスコム	525-0041	滋賀県草津市青地町XXX-X	0816-95-XXXX	
11							
12							
13							

　これは、セルA1が選択されているときに Ctrl + ↓ キーを押せばセルA10が選択できるのなら、セルA1からセルA10までを一発で選択することもできるのではないか、という話でしたね。

　そして、私は「できる」と言いました。

その方法は、Ctrl + Shift キーを押しながら ↓ キーを押すことです。

　すなわち、図1は、セルA1を選択したあとに、Ctrl + Shift + ↓ キーを押した直後の画面、ということです。

　そして、このテクニックは当然ですが、上下左右、どの方向にも使えます。たとえば、同じくセルA1を選択した状態で Ctrl + Shift + → キーを押せば、次の図2のようにセルA1：F1が選択されます。

	A	B	C	D	E	F	G
1	コード	顧客名	ヨミガナ	〒	住所1	TEL.	
2	3004	井出倉庫	イデソウコ	454-0807	愛知県名古屋市中川区愛知町XX	068-444-XXXX	
3	2005	エプスタイン企画	エプスタインキカク	421-2221	静岡県静岡市中沢XXX	0549-67-XXXX	
4	3002	OA流通センター	オーエーリュウツウセンター	460-0006	愛知県名古屋市中区葵XX-XXX	066-442-XXXX	
5	4004	太田量販店	オオタリョウハンテン	518-0415	三重県名張市富貴ヶ丘2番町XX	0734-25-XXXX	
6	5004	オンラインシステムズ	オンラインシステムズ	527-0063	滋賀県八日市市大森町XX	0817-96-XXXX	
7	5005	カルタン設計所	カルタンセッケイショ	521-0311	滋賀県坂田郡伊吹町伊吹XX-XXX	0818-97-XXXX	
8	4003	サーカスPC事業部	サーカスピーシージギョウブ	511-0096	三重県桑名市伊賀町X-X	0733-24-XXXX	
9	1003	静岡電子開発	シズオカデンシカイハツ	506-0835	岐阜県高山市春日町XXX	0445-33-XXXX	
10	5003	システムアスコム	システムアスコム	525-0041	滋賀県草津市青地町XXX-X	0816-95-XXXX	
11							
12							
13							

つまり、こういうことです。

**データのある先頭・末尾まで選択範囲を拡張するショートカット
キーは、Ctrl + Shift +方向キー。**

　実際に使用してもらうとわかりますが、データベースのような表を
扱うときに、このショートカットキーは恐ろしいほどの威力を発揮し
ます。間違いなく、私がもっとも便利だと思っているショートカット
キーの1つです。

　今後は、マウスのドラッグだけに頼るのではなく、必要に応じて
Ctrl + Shift +方向キーで、セル範囲を一発で選択してください。

人類初の表計算ソフトは？

　人類初の表計算ソフトは、1978年にダン・ブリックリンが考案した「VisiCalc」と言われています。

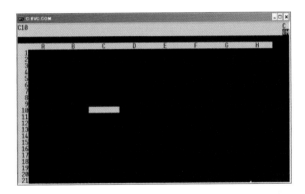

　当時、彼はハーバード大学ビジネススクールのMBAコースを学ぶ学生でしたが、黒板上で計算をしている教授や受講生の姿を見ていてあることを思い付きます。

　「黒板一杯に書かれた計算式は、どこか一箇所でも数値を変えたら、それ以降の式はすべて計算し直さなければならない。これは無駄である。『計算結果』ではなく、『計算式』をマス目（セル）に記憶させて、数値が変わったら一度に再計算が実行されるようなソフトを作ればいい」

　翌年、彼はボブ・フランクリンと一緒にソフトウエア・アーツ社を設立。実際にVisiCalcを開発し、アップルⅡ用に販売を開始しました。

　ちなみに、パソコン史に残るこのVisiCalcは、今でもダンのホームページからダウンロードして使うことが可能です。

▼ダン・ブリックリンのホームページ

http://www.bricklin.com/

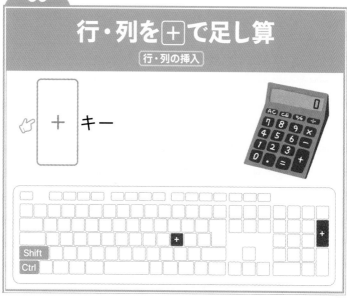

セル・行・列を挿入する

　本節は、既出の2章の100ページの「行や列を□で引き算」と真逆の「行や列を挿入する」テクニックです。

　ちなみに、セル・行・列を削除するショートカットキーは、[Ctrl] + □キーでしたね。削除というのは「減らすこと」、すなわち「引き算」ですので、□キーを使用すれば削除できたわけです。

　であるならば、

セル・行・列を挿入（足し算）するときに使うショートカットキーは、□キー

と容易に連想できます。

では、実際に Ctrl キーとテンキーの + キーを押してみてください。

次の図1のように［セルの挿入］ダイアログボックスが表示されます。

▼図1　　　　　　　　　　　　　　　　　　　　ダウンロード 3-03.xlsx

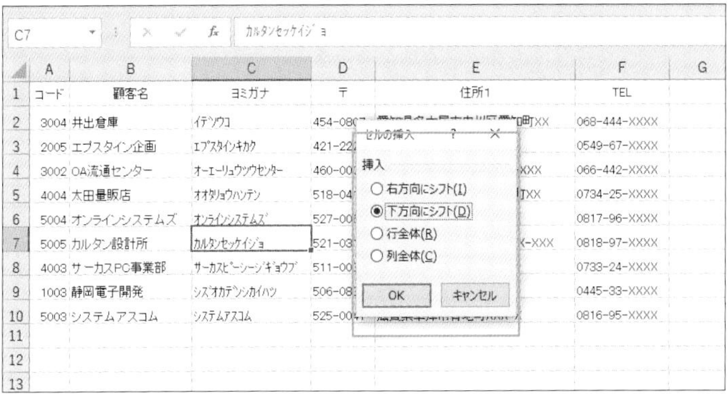

しかし、これは100ページでも解説しましたが、「ショートカットキーを使うときにはテンキーは使わない」が定石です。それならば、その定石にならって、テンキーではない + キーでセル・行・列を挿入するケースを考えてみましょう。

すると、ショートカットキーの「基本となるキー」が変わってしまうことに気付きます。なぜなら、 + キーは、 Shift キーを押さないと入力できないからです。

Shift キーを押さずに、 Ctrl キーと「；」のキーを押すと、 Ctrl + ; キーが押されてしまいますので、104ページで紹介した日付が入

力されてしまいます。

　ですから、まずはテンキーのことは忘れて、次のように覚えてください。

セル・行・列を削除するショートカットキーは、[Ctrl] + [−] キー

　また、その逆は、

セル・行・列を挿入するショートカットキーは、[Ctrl] + [Shift] + [+] キー

となります。

　どちらも、厳密には基本となるキーは[Ctrl]キーです。そして、[Shift] + [+] キーで1つのキーであると考えれば、それほどの混乱はないのではないでしょうか。

　もしくは、テンキーを使いたいという人は、次のように覚えてもまったく差し支えありません。

セル・行・列を削除するショートカットキーは、[Ctrl] + [−] キー (テンキー)

セル・行・列を挿入するショートカットキーは、[Ctrl] + [+] キー (テンキー)

　このように、セル・行・列の削除/挿入のショートカットキーは、解説が面倒なライター泣かせのテクニックで、あえてこのショートカットキーには触れないライターもいるくらいです。

　ちなみに私は、テンキーは使用せずに Ctrl + Shift + + キーを使用しています。理由は、この3つのキーはすぐそばに配置されているので、慣れると右手だけで簡単に押せるからです。

ライター泣かせの行・列の
非表示と再表示

　私が、もっともライター泣かせだと思うショートカットキーは、行・列の非表示と再表示の４つのショートカットキーです。

　では、そのショートカットキーをご紹介しましょう。

Ⓐ**行の非表示**：Ctrl＋9キー
Ⓑ**列の非表示**：Ctrl＋0キー
Ⓒ**行の再表示**：Ctrl＋Shift＋9キー
Ⓓ**列の再表示**：Ctrl＋Shift＋0キー

　一度に４つも提示すると覚えるのが大変のようですが、実は記憶するためのコツがあります。

　まず、「非表示」の「基本となるキー」はCtrlキーと覚えます。

　そうしたら、9キーなら行が、その右の0キーなら列が非表示になります。

　これで、行・列の非表示は大丈夫ですね。

　次に、「再表示」の「基本となるキー」はCtrl＋Shiftキーと覚えます。

　そうしたら、9キーなら行が、その右の0キーなら列が再表示になります。

　と、これだけのことではあるのですが、本書では、この４つのキーを独立した節にすることはやめて、コラム扱いにすることにしました。

すなわち、「無理に覚えなくてもいいですよ」ということです。

　理由は、ある環境では❶のショートカットキーがまったく機能しないからです。

　私も、すべての組み合わせを確認したわけではありませんが、少なくとも以下の3つの環境では、Ctrl + Shift + 0 キーを押しても、列を再表示することはできませんでした。うんともすんとも言いません。

Excel2013 + Windows10
Excel2016 + Windows10
Excel2019 + Windows10

　実は、これはExcelというよりもWindowsのバージョンに依存した問題です。そして、Windows10が普及した現在、「ショートカットキーで列の再表示はできない」と認識したほうが良いように思います。

　ちなみに、上記の環境でも、Ctrl + Shift + 0 キーで列を再表示できるようにするWindowsの裏技があるのですが、本書のテーマからは大きく逸脱しますし、個人的には、そこまでするほどの重要なショートカットキーだとは思っていません。

　それよりも重要なことは、Microsoftがこの事象を積極的に喧伝することだと考えています。なぜなら、今なお、❶のショートカットキーがあちらこちらで紹介されているからです。

　繰り返します。

ショートカットキーで、列を再表示することはできません。

いい桁作ろう桁区切り

[3桁区切りにする]

☞ **1** キー

Shift
Ctrl
1

数字を3桁区切りにする

Excelで数値を扱っていて一番ストレスを感じるのは、桁が大きくて、瞬間的にその数値が読み取れないときではないでしょうか。

たとえば、次の図1の売上金額が表示されたD列などは、すぐに金額がわかりません。

▼図1　　　　　　　　　　　　　　　　　　　　　　　　　ダウンロード 3-04.xlsx

	A	B	C	D	E	F	G
				fx	=B2*C2		
1	商品名	単価	個数	売上金額			
2	ドリンクA	700	300	210000			
3	ドリンクB	300	638	191400			
4	ドリンクC	650	429	278850			
5	ドリンクD	170	960	163200			
6	ドリンクE	270	845	228150			
7							

　こんなときには、当然、D列の数字を3桁区切りにするわけですが、そのためにわざわざ［セルの書式設定］ダイアログボックスを表示するのはうんざりですよね。

　そのために、リボンに［桁区切りスタイル］ボタンが用意されていますが、なにやらごちゃごちゃしていてわかりづらいですし、そもそも本書の読者はセルD2：D6を124ページの Ctrl + Shift + ↓ キーで選択しているであろうことも考えると、ここは絶対にショートカットキーを使いたい場面です。

　その桁区切りスタイル、すなわち、**数字を3桁区切りにする**のが次のショートカットキーです。

Ctrl ＋ Shift ＋ 1 **キー**

　では、この 1 キーをどう記憶するかですが、私は次のように覚えました。

いい（1）桁、作ろう、桁区切り

　決して歴史には明るくない私が、別に忘れてもいいのに忘れられない年号の語呂合わせが、「いい国（1192）、作ろう、鎌倉幕府」だからです。

　ちなみに、忘れてもいいというのは、鎌倉幕府の成立の定義があいまいで、1185年説などもあり、もはや年号を暗記する意義が失われたからです。

しかし、歴史は変わっても、Excelのショートカットキーは変わりません。ですから、「忘れてもいい」などと言わずに、確実に記憶してください。

そして、この語呂合わせ通りに、前図のワークシートの状態で Ctrl + Shift + 1 キーを押すと、次の図2のように数字が3桁区切りになります。

▼図2

D2		⋮	×	✓	fx	=B2*C2		
◢	A	B	C	D	E	F	G
1	商品名	単価	個数	売上金額			
2	ドリンクA	700	300	210,000			
3	ドリンクB	300	638	191,400			
4	ドリンクC	650	429	278,850			
5	ドリンクD	170	960	163,200			
6	ドリンクE	270	845	228,150			
7							
8							

では、この図を見ながら、もう一度心の中で呟いてください（周りが驚くので、声に出す必要はありません）。

いい（1）桁、作ろう、桁区切り！

136

中級編 **4**章

Alt キーの組み合わせは これだけで十分

　本章では、Alt キーを「基本となるキー」とするショートカットキーを紹介します。3章と同様に、数が少なく感じられると思いますが、私の見解では、ここで紹介しているものだけで十分です。

　それ以外のショートカットキーを使用する機会はほとんどありませんし、そうしたものに注意を取られて、重要なショートカットキーを忘れてしまうことのほうが問題だと考えます。

　そして、本章では「セル内改行」と「アクセスキー」いうとても重要なテクニックも学習します。特に、「アクセスキー」は、ほとんど他の解説書では紹介されていません。だからこそ、みなさんにご満足いただけるのではないかと期待しています。

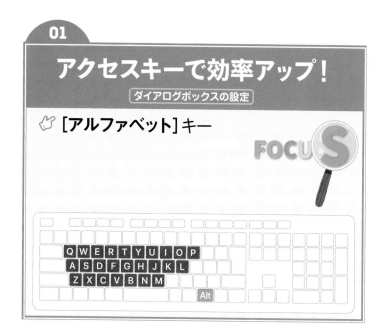

ダイアログボックスの設定をキーボードで行う

　みなさんは、**アクセスキー**という言葉を聞いたことがありますか。もし、アクセスキーを知らないのであれば、本節を読むだけでもみなさんのExcelレベルは一気に2段階くらいアップすると言っても過言ではありません。

　このアクセスキーは、相当に優れた便利な機能でありながら、なぜかスポットライトを浴びることがあまりありません。

　私は、その理由を「アクセスキーが便利ではないから」ではなく、Excelの裏機能なので、Microsoftをはじめ、ライターのみなさんも積極的に喧伝しないからだと考えています。それくらい、アクセスキーについて触れている解説書は少ないのが現状です。

逆を申せば、だからこそ本書でアクセスキーをしっかり学んでいた
だき、その便利さを実感してもらいたいと思っています。

アクセスキーには、みなさんのExcelの使い方をガラッと変えてし
まうほどのパワーが秘められているのです。

では、前置きが長くなりましたので、アクセスキーの解説に入りま
しょう。

まず、次の図1の［セルの書式設定］ダイアログボックスを見てくだ
さい。

▼図1

まず、画面上部に次の6つのタブがあります。

［表示形式］［配置］［フォント］［罫線］［塗りつぶし］［保護］。

このタブは、←キーと→キーで切り替えられます。わざわざマウス

を使う必要はありませんので、もし知らなかった人は、この機会に覚えてください。

　すなわち、前の図は、[Ctrl] + [1] キー（60ページ参照）で［セルの書式設定］ダイアログボックスを表示し、[→] キーを2回押して、［フォント］パネルを表示した状態です。

　そして、ここまでは一切マウスは使っていませんが、本題はここからです。

　たとえば、［フォント］パネルの［フォント名］というところを見てください。以下のように表示されています。

▼図2

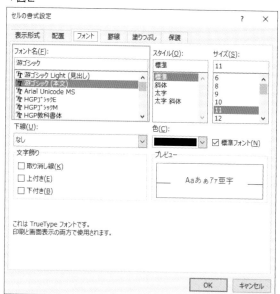

　この［フォント名］の隣の［(F)：］がなんとも邪魔な気がしますが、実は、この［(F)：］がアクセスキーです。そして、このアクセスキーの基本となるキーが Alt キーなのです。

　では、このダイアログボックスで、次のキーを押してみましょう。

Alt ＋ F キー

　すると、［フォント名］ボックスが選択可能な状態になります。あとは、↑キー、↓キーで目的のフォントを選択するだけです。

　もし、太字にしようと思ったら、［スタイル］のところを見てください。［スタイル (O)：］のように表示されています。

　そこで、Alt ＋ O キーを押すと、今度は［スタイル］ボックスが選択可能な状態になります。

　もうおわかりだと思いますが、Alt ＋ C キーを押せば、［色 (C)：］ボックスで色の変更ができ、Alt ＋ U キーを押せば、［下線 (U)：］ボックスで下線を追加でき、Alt ＋ S キーを押せば、［サイズ (S)：］ボックスが選択可能になります。フォントの見栄えを整える作業はせいぜいこの5つくらいだと思いますが、一度もマウスを使う必要はありません。

　このように、Alt ＋［アルファベット］キーでパネル上のリストボックスやチェックボックスを操作することを、**アクセスキーを使う**と言います。

そして、一見不要に思えるダイアログボックス上に表示されている() 内のアルファベットが、Alt キーと組み合わせるアルファベットを意味します。

このアクセスキーは、ぜひともショートカットキーと併用していただきたいと思います。なぜなら、せっかくショートカットキーでダイアログボックスを表示しても、そこでキーボードから手を放してマウスを握るようでは、せっかくのショートカットキーの効果が半減してしまうからです。

言い換えれば、ショートカットキーからスムーズにアクセスキーに流れるようにダイアログボックスを操作すれば、確実に作業時間は短縮されるでしょう。

なによりも嬉しいのは、**アクセスキーの場合は、ダイアログボックスにアルファベットが表示されていますので、ショートカットキーのように暗記する必要がまったくないことです。**

実際に、私は暗記しているアクセスキーは1つもありません。しかし、アクセスキーなしではExcelを使う気分になれません。すなわち、アクセスキーのおかげで、それだけ私のストレスは軽減されているわけです。

決定ボタンは Enter キーを押すだけで良い

また、これはアクセスキーの話ではありませんが、ここでお話しするのが良いと思うので補足させてください。

多くのダイアログボックスでは、通常、画面下部には [OK] ボタン

と［キャンセル］ボタンが配置されています。

　そして、［セルの書式設定］ダイアログボックスの場合には、［OK］ボタンは目立つように枠が太くなっています。また、その枠線に色も付いていますが、この色はユーザーの使う環境によって違います。

　しかし、一目で［OK］ボタンが**特別なボタン**だということはわかります。

　ちなみに、この特別なボタンのことを本書では**決定ボタン**と呼びますが、決定ボタンはクリックする必要はありません。そもそも、ずっとキーボードだけで作業してきて、最後の最後にマウスを使わなければならない、ではあまりに不親切ですよね。

　このケースでは、 Enter キーを押せば決定ボタン、すなわち［OK］ボタンをクリックしたことになります。

　すなわち、こういうことです。

決定ボタンは、 Enter キーを押すだけで良い。

取り消しボタンは Esc キーを押すだけで良い

　では、［セルの書式設定］ダイアログボックスを開いたはいいものの、やっぱりキャンセルしたいときにはどうしたらいいでしょう（25ページの解説と重複しますが、復習のつもりで読み進めてください）。

　画面下部には［キャンセル］ボタンがありますので、つい、このボタンをクリックしたくなりますが、この場合もキーボードから手を放す必要はありません。

　実は、［セルの書式設定］ダイアログボックスのようにボタンが2つあって、片方が決定ボタンのときには（ここでは［OK］ボタンが決定

ボタン）、もう片方は**取り消しボタン**に設定されています。

今回のケースでは、文字通り［キャンセル］ボタンが「取り消しボタ
ン」になります。

そして、取り消しボタンはわざわざマウスでクリックしなくても、
Esc キーで実行することができます。

これは、以下のように覚えてください。

取り消しボタンは、Esc キーを押すだけで良い。

この「Esc」は、「Escape＝脱出する」の略語です。

試しに、［セルの書式設定］ダイアログボックスを開いたら、Esc
キーを押してみてください。作業内容はまったく反映されずに［セル
の書式設定］ダイアログボックスが閉じます。

とりあえず、ダイアログボックスを開いてみたけど、やっぱり逃げ
たくなった（エスケープしたくなった）。

こんなときには、Esc キーでエスケープしましょう。

いかがでしょうか。これがアクセスキーです。今回は、［セルの書式
設定］ダイアログボックスを例に解説しましたが、すべてのダイアロ
グボックスでアクセスキーが使えます。

もちろん、マウスでダイアログボックスを表示したときにまで、無
理にアクセスキーを使う必要はありません。むしろ、そのケースでは、
そのままマウスで作業をしたほうが良いでしょう。

しかし、ショートカットキーでダイアログボックスを表示するとき

には、

ショートカットキーとアクセスキーで1セット

くらいのつもりで操作をすれば、格段に作業がラクになります。

　なお、このアクセスキーに関しては、もう1つだけ、「使わないほうがいいアクセスキー」として言及する必要があるのですが、この点については161ページで解説します。

セル内で改行する

　Wordの場合は、改行するときには Enter キーを押します。

　しかし、Excelで Enter キーを押すと、そのセルの文字が確定して、下のセルに移動してしまいます。そのために、「Excelでは、セル内で改行することはできない」と思い込んでしまっている人が少なくありません。

　実際に私も、Excelを使い始めた最初の数年間はそう思い込んでいました。

　しかし、Excelではセル内で改行することができます。ここで、次の図1を見てください。

▼図1

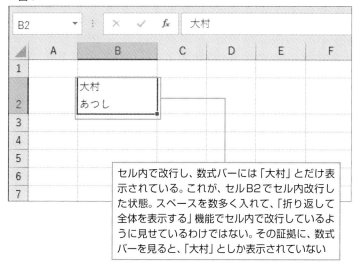

セル内で改行し、数式バーには「大村」とだけ表示されている。これが、セルB2でセル内改行した状態。スペースを数多く入れて、「折り返して全体を表示する」機能でセル内で改行しているように見せているわけではない。その証拠に、数式バーを見ると、「大村」としか表示されていない

　このセル内改行の入力方法はいたって簡単で、**Alt キーを押しながら Enter キーを押すだけです。**

　すなわち、前図では次のように入力しています。

❶「大村」と入力する。
❷ Alt ＋ Enter キーを押す。
❸「あつし」と入力する。

　いかがですか？　これでセル内改行については大丈夫でしょうか？

　なお、みなさんには、セル内改行と一緒に、ぜひとも覚えてもらいたいテクニックがあります。それは、「セル内編集」です。セル内編集については、158ページで解説します。

03

F4 キーでブックが死ぬ

ブックを閉じる

☞ **Shift** + F4 キー

ブックを閉じる

　私は、どこまで根暗なのでしょうか。我ながら、なんと縁起の悪い
節タイトル！　本当に申し訳ありません！　ただ、私は初心者のこ
ろ、このように記憶していたのです。

　もちろん、「ブックが死ぬ」とは、ブックが破損するという意味では
ありません。「ブックが閉じる」という意味です。そもそも、ブックを
破損させるショートカットキーでもあろうものなら、それこそ訴訟も
のです。

　敗訴して顔面蒼白のビル・ゲイツを思い浮かべてつい、にやけてし
まうなんて、やはり私は根暗なのでしょうか？

　また、ここではブック（Book）をブック（Fook）と、ダジャレのよう

に置き換えて、使用するキーは「F」、すなわちファンクションキーであるという記憶法を用いています。

以上のことから、**ブックを閉じるショートカットキー**は以下になります。

Alt ＋ F4 キー

すみません。ただこれだけの話なのですが、このまま本節を終わらせたら、私はただ「根暗アピール」をしただけで終わってしまいますので、2つだけ補足させてください。

まず、 Alt ＋ F4 キーは「Excelを終了するショートカットキー」とExcelのヘルプに記載されていますが、これは明白に間違いです。あくまでも「ブックを閉じるショートカットキー」です。ただし、ブックを1つしか開いていなければ、そのブックを閉じれば当然Excelは終了します。

もう1つは、マウスを使う方法になりますが、Excelの場合、 Shift キーを押しながら（ Alt キーは押しません）、右上の X ボタンをクリックすると、**開いているブックをすべて閉じることができます。**

実は、この方法はほとんど知られていません。お得情報ということで、私の根暗疑惑が多少でも晴れれば嬉しいのですが。

もっとも、Windows 8.1やWindows 10で、タスクバーにExcelのアイコンをピン止めしているのであれば、そのアイコンを右クリックして、[すべてのウィンドウを閉じる] コマンドを実行してもOKですね。

データ範囲を合計する

　冒頭、申し上げますが、私は、ここで紹介するショートカットキーをもろ手を挙げてお勧めするわけではありません。なぜなら、私自身が使ったり、使わなかったり、というショートカットキーだからです。

　もちろん、知っておいて損はないショートカットキーであることは間違いありません。ただ、個人的には、「ケースバイケースかな？」と思っています。

　では、その理由も含めて説明しますので、まずは次の図1を見てください。

▼図1   ダウンロード 4-04.xlsx

	A	B	C	D	E	F	G
	商品	単価	個数	売上金額			
1							
2	A	27,500	20	550,000			
3	B	32,000	32	1,024,000			
4	C	18,000	18	324,000			
5	D	14,500	14	203,000			
6	E	9,800	28	274,400			
7	F	22,300	44	981,200			
8							
9							
10							
11							

これは見てのとおり、あとはセルD8に売上合計を入力するだけの状態です。

このようなケースでは、Alt キーを基本となるキーにして、Shift＋=キーを押すと、**合計を求める**ことができます。

すなわち、Alt + Shift + =キーでオートSUM機能が働きますので、あとは Enter キーを押すだけです。

▼図2

	A	B	C	D	E	F	G
	SUM ▼ : × ✓ *fx*	=SUM(D2:D7)					
1	商品	単価	個数	売上金額			
2	A	27,500	20	550,000			
3	B	32,000	32	1,024,000			
4	C	18,000	18	324,000			
5	D	14,500	14	203,000			
6	E	9,800	28	274,400			
7	F	22,300	44	981,200			
8				=SUM(D2:D7)			
9				SUM(数値1, [数値2], ...)			
10							
11							

　ちなみに、1章で「ショートカットキーの中には根性で覚えなければならないものもある」と記載（「言い訳」とも言います）しましたが、まさしく、このショートカットキーを指して言った言葉です。

　このショートカットキーだけは、覚える「コツ」が見当たりません。使いながら慣れてもらうしかありません。

ステータスバーでも合計を確認できる

　もっとも、私がこのショートカットキーを使ったり、使わなかったりするのは、ショートカットキーを覚える根性がないからではありません。いえ、根性は人一倍ありませんが、一応、このショートカットキーは頭の片隅でかろうじて記憶しています。

　私が「ケースバイケース」と申し上げたのは、こんなケースです。

　前図では、売上合計を求めるのが目的ですから、セルD8に売上合

計を入力するのは当然なのですが、私のように注意が散漫ですと、つい、「ちなみに、個数の合計はいくつだろう?」と思ってしまうことが少なくありません。かと言って、セルにその数を入力する必要はなく、本当にただの興味です。

そんなときには、私は、前図のセルC2:C7をマウスで選択して、Excelの最下段のステータスバーと呼ばれるところを見ます。

なぜなら、そこに「合計」が表示されているからです。

▼図3

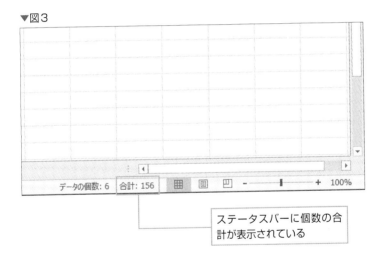

データの個数: 6　合計: 156

ステータスバーに個数の合計が表示されている

図からは、個数の合計は「156」とわかります。

そして、もし、そのままこの合計をセルC8に入力しようと思い立ったら、手はマウスを握っていますので、迷わずにリボンの[オートSUM] ボタンをクリックします。

私の場合は、このような作業手順になることが比較的多いのです。また、せっかちなので、合計をセルに入力する前に、とにもかくにも、

ステータスバーで合計を確認したいというときも少なくありません。

　結果、私は、[Alt] + [Shift] +[=]キーという便利なショートカットキーの恩恵にあまりあずかれずにいます。

　ただ、ステータスバーの合計も、きちんと3桁区切りで表示してくれますので、かなりの優れものです。

　ちなみに、ステータスバーに合計が表示されるのは、セルを2個以上選択した場合です。

　個性が全員違うように、Excelの使い方も人さまざまです。

　[Alt] + [Shift] +[=]キーを使い倒すも良し。ステータスバーを存分に活用するも良し。ぜひ、ご自身に合ったスタイルで作業をしてください。

上級編 **5**章

ファンクションキーも
覚えておこう

　ショートカットキーの中には、「基本となるキー」を必要とせずに、ファンクションキーだけで実行できるものもあります。本章では、その中から F1 キー、F2 キー、F4 キーを取り上げます。

　「キーの覚え方」というよりも、「そのキーでなにができるか」について学んでもらうのが主な目的です。特に「セル内編集」を覚えれば、もう一段上のレベルのExcelユーザーになれますので、これを機会にマスターしてください。

Excelのヘルプを表示する

　電化製品を購入したら、真っ先に見るのは取扱説明書ですよね。「ト
リセツ」なんて略語もありますが、パソコンにせよ冷蔵庫にせよ、必
ず1番最初に見るのがトリセツです。そしてこれは、ゲームやビジネ
スソフトでも同様だと思います。

「1」番最初に見るのはトリセツ。

　もっとも、Excelの場合はトリセツが付属しているわけではありま
せん。しかし、代わりにオンラインヘルプがあります。すなわち、
Excelにも姿を変えて「トリセツ」があるわけです。

　もっとも、実際にはExcelを買ったら、まずはヘルプを順番に読む、というユーザーは少ないと思います。いまは、初心者向けの解説書が充実していますので、その解説書をトリセツ代わりに読みながら、1つ1つの機能を覚えていく人がほとんどでしょう。

　だからこそ、たまたま手にした解説書の優劣によって、各ユーザーのExcelのスキルがバラバラになってしまうわけですが、以前はExcelにはトリセツが付属しており、誰もが真っ先にそのトリセツを読んで学習していました。ですから、昔のExcelユーザーのスキルは似たり寄ったりでした。

　現在のExcelのトリセツ、すなわちヘルプは、紙媒体ではありませんが、本来であれば「1」番最初に見るべきものです。

　だからだと思いますが、Excelでは F1 キーを押すとヘルプを開くことができます。

　現実には、1番最初に見るというよりも、「ヘルプ」の名のとおり、「困ったときに見るもの」という位置づけになっていますが、だからこそ、次の習慣を身に付けてください。

困ったときには、 F1 キーを押してヘルプを開く。

　そして、キーボードに手を置いたまま、検索ボックスに検索ワードを入力すれば、大抵の問題は解決できるのではないでしょうか。

数式バーを使わずに、セルの文字を直接編集する

146ページの「セル内改行」の解説で少し触れましたが、Excelの基本機能なのに意外に知らない人が多いテクニックに**セル内編集**があります。

Excelでは、セルに入力した文字を一度 Enter キーで確定してしまうと、その文字列の一部だけを変更するには数式バーを使わなければならないと思っている人がいます。しかし、その必要は一切ありません。

たとえば、セルに「簡単な仕事」と入力したとします。もう、Enter キーは押してしまっています。そこで、「カンタンな仕事」に変更しようと思い立ったら、迷わずに F2 キーを押してください。すると、セル内の最後の文字の後ろ (「仕事」の後ろ) でカーソルが点滅します。

あとは、次のように操作してください。

▼図1

この位置まで⊟キーでカーソルを移動して、「簡単」という文字列を削除する

▼図2

「カンタン」と入力したら、カーソルはこの位置で Enter キーを押す（カーソルを末尾まで移動する必要はない）

この F2 キーによるセル内編集は、早速今日からドンドンと取り
入れてください。数式バーを使う操作よりも、確実に作業が数倍早く
なります。

実際に私は、数式バーは一切使わずに、F2 キーのセル内編集のお
世話になっています。

無意味なアクセスキーを
無効にする＝セルに「/」と入力する

4章の『アクセスキーで効率アップ！』の145ページで、「使わないほうがいいアクセスキーがある」と述べました。

私見ですが、アクセスキーは、Ctrl＋1キーで［セルの書式設定］ダイアログボックスを表示したときなどに、そのままキーボードで設定するときに効果を発揮するものだと思っています。すなわち、「ショートカットキー＋アクセスキー」で1セット、ということです。

しかし、Excelでは、ダイアログボックスを表示していなくてもアクセスキーが使用できます。試しに、ダイアログボックスを表示していない状態でAltキーを押してみてください。次図のように、リボンのところに数字やアルファベットが表示されます。

▼ Altキーを押すとキーヒントが表示される

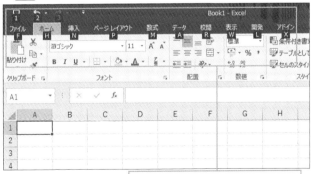

これらのキーでExcelを操作できる

知らないとExcelのバグかと勘違いしてしまいそうなこの数字やアルファベットのことを「**キーヒント**」と呼びますが、この図の状態になったら、たとえば W キーを押せば、リボンは［表示］に切り替わります。それ以降も、ずっと［アルファベット］キーだけで作業ができます。

　すなわち、Excelは、 Alt キーを押せば、マウスを使わなくてもキーボードだけで操作できるようになっており、これも「アクセスキー」の利用法の1つです。しかし、こんなアクセスキーの使い方でExcelの作業効率が上がるはずはありませんし、なによりも、これでは誰もExcelを使わなくなるでしょう。「仕事ができる人ほどマウスは使わない」などと言っても、やはりExcelはマウスで直感的に操作するソフトであり、それが最大の魅力なのです。

　そして、このキーヒントこそが、私が先述した「使わないほうがいいアクセスキー」です。

　なお、キーヒントを消してExcelを元の状態に戻すときには、 Esc キーを押します。

　以上の説明で、Excelで Alt キーを押すとどうなってしまうかがわかったと思いますが、実は、 / キーを押しても、 Alt キーのときとまったく同じくキーヒントが表示されてしまいます。これは、テンキーの / キーを押したときも同様です。

　Microsoftがなぜそのようなソフトの設計にしたのかについては、他社製品との互換性の問題という、表計算ソフトのシェアのほぼ100%をExcelが占めている現在ではあまり意味がない裏事情があるのですが（裏事情なので、本書では触れません）、それよりも問題なのは、そのためにExcelでは「/」という

文字が入力できなくなっていることです（文中の「/」は入力できます）。

　では、先頭に「/」と入力したいときにはどうしたら良いのでしょう。

　1つの方法としては、文中なら「/」が入力できますので、「aaa/」のように入力してから、「aaa」を削除して「/」を残すという方法があります。いえ、実は、これしか方法がないと思っているユーザーは少なくありません。

　しかし、そんな面倒な手順は必要ありません。解答から示すと、以下のように入力してください。

　[F2] ＋ [/] キー

　すなわち、まず [F2] キーで「セル内編集」モードにしてしまい（アクセスキーを無効にしてしまい）、それから「/」を入力するということです。これが、もっとも簡便な「/」という文字の入力方法です。

　個人的には、もう他社製品との互換性など考えずに、[/] キーを押したら「/」という文字が入力できるようにしてほしいものです。

「割合」を求めるための数式テクニック

　前節で「さようなら」と言った数式バーですが、実際になくてもさほど困るものではありませんが、そうは言いつつも、本節では存分に活躍してもらいます。

　ということで、我ながら現金だとは思いますが、別れたそばから「こんにちは」ということで、ここでのテーマは「数式バーと F4 キーを使ったテクニック」です。

　一部、マウスを使いますが、覚えてもらいたいのはあくまでも「F4 キーでなにができるか」です。

　では、次の図1を見てください。

▼図1 ダウンロード 5-03.xlsx

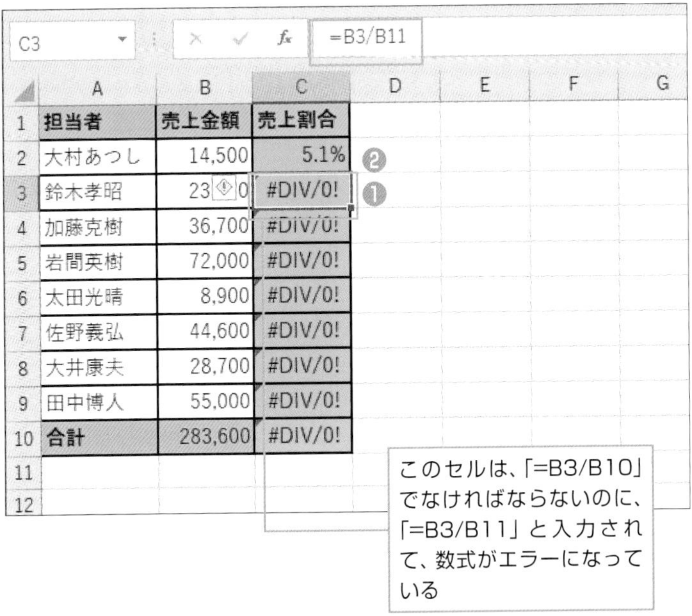

	A	B	C
1	担当者	売上金額	売上割合
2	大村あつし	14,500	5.1% ❷
3	鈴木孝昭	23〇0	#DIV/0! ❶
4	加藤克樹	36,700	#DIV/0!
5	岩間英樹	72,000	#DIV/0!
6	太田光晴	8,900	#DIV/0!
7	佐野義弘	44,600	#DIV/0!
8	大井康夫	28,700	#DIV/0!
9	田中博人	55,000	#DIV/0!
10	合計	283,600	#DIV/0!

C3 fx =B3/B11

このセルは、「=B3/B10」でなければならないのに、「=B3/B11」と入力されて、数式がエラーになっている

　セルC3からC10まで、ずらっとエラーが並んでいます。この「#DIV/0!」というエラーは、「0で除算したとき」に発生するエラーですが、❶のセルC3を見てください。次のような数式が入力されていることが数式バーからわかります（F2キーを押せば、セル内で確認できます）。

❶ =B3/B11

　この表は、各担当者の売上割合を求めるものですから、本来はセルC3の数式は、以下でなければなりません。

＝B3/B10（3行目の売上金額を、10行目の売上合計で除算）

　この表を作った人も、当然、それは理解しています。では、なぜこの
ようなことになってしまったのでしょうか。
　こうした表を作った経験のある人ならすぐに察しがつくと思います
が、まず、❷のセルC2に次のように数式を入力します。

❷ ＝B2/B10

　そして、実際にセルC2には「5.1%」と正確な売上割合が表示されて
います。
　ところが、問題はここからです。
　このセルC2の❷の数式を下方向にコピーすると、除算する「セル
B10」も、「セルB11」「セルB12」と、1つずつ下にずれていってしまい
ます。ですから、セルC3の❶のような間違った数式になってしまうわ
けです。
　このように、コピーするとずれてしまうようなセルの参照の仕方を
「相対参照」と言います。そして、通常は、この相対参照さえ知ってい
れば、大抵の表は作れます。
　しかし、今回のケースでは、「セルB10」は固定でなければなりませ
ん。コピーしたときにずれてしまっては困るのです。そして、このよう
に、「コピーしてもずれずに固定された」セルの参照方法を「**絶対参照**」
と呼びます。
　そして、次のようにセル番地の前に「**$**」を付けると絶対参照になり
ます。

❸ =B2/$B$10

　すなわち、セルC2には、❷の相対参照の数式ではなく、❸の絶対参照の数式を入力すれば良かったのです。ちなみに、セルC2に❸の数式を入力して、下方向にコピーすると、次のように正確な表になります。

▼図2

	A	B	C	D	E	F	G
	C3		fx	=B3/$B$10			
1	担当者	売上金額	売上割合				
2	大村あつし	14,500	5.1%				
3	鈴木孝昭	23,200	8.2%				
4	加藤克樹	36,700	12.9%				
5	岩間英樹	72,000	25.4%				
6	太田光晴	8,900	3.1%				
7	佐野義弘	44,600	15.7%				
8	大井康夫	28,700	10.1%				
9	田中博人	55,000	19.4%				
10	合計	283,600	100.0%				
11							
12							

「=B3/$B$10」と、正しく、売上合計で除算しているので、売上割合が算出できた

これがセルの相対参照と絶対参照で、この表のように「割合」を求めるときなどに必要となる知識ですが、本書はショートカットキーの本なので、実はこれからが本題です

では、「$B$10」という絶対参照はどのように入力したら良いのでしょうか。

これは、数式バーの中で、「B10」の中か、後ろにカーソルを置いて、F4 キーを押すことで入力できます。

▼図3

SUM	▼	:	✕	✓	fx	=B2/B10	

	A	B	C	D	E	F	G
1	担当者	売上金額	売上割合				
2	大村あつし	14,500	=B2/B10				
3	鈴木孝昭	23,200	#DIV/0!				
4	加藤克樹	36,700	#DIV/0!				
5	岩間英樹	72,000	#DIV/0!				
6	太田光晴	8,900	#DIV/0!				
7	佐野義弘	44,600	#DIV/0!				
8	大井康夫	28,700	#DIV/0!				
9	田中博人	55,000	#DIV/0!				
10	合計	283,600	#DIV/0!				
11							
12							

数式バーで、「B10」の中にカーソルを置して F4 キーを押すと…

[入力] ボタン

▼図4

SUM	▼	⋮	×	✓	fx	=B2/$B$10

◢	A	B	C	D	E	F	G
1	担当者	売上金額	売上割合				
2	大村あつし	14,500	/$B10				
3	鈴木孝昭	23,200	#DIV/0!				
4	加藤克樹	36,700	#DIV/0!				
5	岩間英樹	72,000	#DIV/0!				
6	太田光晴	8,900	#DIV/0!				
7	佐野義弘	44,600	#DIV/0!				
8	大井康夫	28,700	#DIV/0!				
9	田中博人	55,000	#DIV/0!				
10	合計	283,600	#DIV/0!				
11							
12							

「$」が付いて絶対参照になるので、そのまま [入力] ボタンをクリックして数式を確定する

間違っても、手入力で「$」を入力しないようにしてください。

　ちなみに、数式バーでこのように F4 キーを押すと、セルの参照が次のように変化します。

 ❶ B10（相対参照）

 ❷ $B$10（絶対参照）

❸ B$10（行だけ絶対参照）

❹ $B10（列だけ絶対参照）

　本書では、❶と❷だけ知っていれば十分という立場から、❸と❹についての説明は割愛します。

　ただ、次のように覚えてはいかがでしょうか。

数式バーで F4 キーを押すたびに、セル参照が「4」回切り替わる。

　ちなみに、先ほどの表で、相対参照のまま数式をコピーしてエラーが発生してしまい、1つずつ数式を手入力で直すユーザーは少なくありませんが、これこそ、10秒で終わる作業に10分かけてしまうケースです。また、1つずつ数式を直す、そのストレスは相当なものでしょう。

　このテクニックは、確実に習得してください。

　なお、ここまで数式バーを使って解説してきましたが、実は、数式バーを使わなくても同様のことは可能です。

　試しに、今回利用した図1の表（165ページ参照）のセルC2を選択して、F2 キーでセル内編集にし、そのまま F4 キーを押せば、セルC2の数式は次のようになります。

=B2/$B$10

　当然ですが、こちらのほうが簡単ですし、マウスは一度も使わずにキーボードだけで操作できますので、本書のコンセプトにも合っています。
　ですから、**この方法で相対参照と絶対参照を切り替えても一向にかまいません。**

　しかし、とても便利な「セル内編集」機能ですが、こと数式となると、矢印キーを押した瞬間に、数式が参照しているセルが別のセルに変わって、数式が壊れてしまう、という経験は多くの方がしているのではないでしょうか。
　私はそれがイヤで、数式をセル内で編集することに抵抗があるので、数式の修正は数式バーで行っていますが、これはあくまでも私の習慣ですので、みなさんはご自分に合った方法を選択してください。

●索引

●著者紹介

大村 あつし（おおむら あつし）

Excelを得意とするテクニカルライターであり、20
万部のベストセラー『エブリ リトル シング』の著者
でもある小説家。Excelの解説書は30冊以上出版し
ており、その解説のわかりやすさと正確さには定評が
ある。

主な著書に『Excel VBAの神様 ～ボクの人生を変え
てくれた人』、『大村あつしのExcel VBA Win64/32
APIプログラミング』（秀和システム）、『かんたんプロ
グラミングExcel VBA』シリーズ、『いつもの作業を
自動化したい人のExcel VBA 1冊目の本』、『新装改
訂版 Excel VBA本格入門』（以上、技術評論社）、『し
おんは、ボクにおせっかい』（KADOKAWA）、『マルチ
ナ、永遠のAI。～AIと仮想通貨時代をどう生きるか』
（ダイヤモンド社）など多数。静岡県富士市在住。

●カバー／本文イラスト
みふね たかし

超時短！
（ちょうじたん）

魔法のExcelショートカットキー
（まほう）（エクセル）

発行日　2020年　4月　4日	第1版第1刷

著　者　大村 あつし
（おおむら）

発行者　斉藤　和邦

発行所　株式会社　秀和システム

〒135-0016
東京都江東区東陽2-4-2　新宮ビル2F
Tel 03-6264-3105（販売）　　Fax 03-6264-3094

印刷所　三松堂印刷株式会社　　Printed in Japan

ISBN978-4-7980-6180-1 C3055